雅安生态文化旅游系列

雅安味道

中国人民政治协商会议四川省雅安市委员会

编著

中国广播影视出版社

为"五宜幸福地"增香添味

2021年7月，中共雅安市委四届十次全会提出加快建设"川藏铁路第一城、绿色发展示范市"的目标，争取把雅安建设成为宜居、宜业、宜养、宜学、宜游的"成渝后花园、五宜幸福地"。特色美食作为一种纽带和媒介，是不可或缺的重要元素。

城市的建设是以人类的发展繁衍为前提，而饮食是人类发展赖以存在的重要方式。每一个地方、每一个民族，都有着独具魅力和鲜明特点的美食和美食文化。从著名的满汉全席到名不见经传的市井小吃，从上海的甜点到青藏高原的酥油茶，从北京的烤鸭到云南河口的小卷粉，从牛排到馅饼……无不散发着自己独特的魅力。近年来，在经济发展的大潮中，一场发展城市烟火的浪潮席卷全国，美食是这个浪潮中的一朵光彩夺目的浪花。走在城市的大街小巷，一片片热闹的特色美食街区，一座座霓虹闪烁的酒楼饭馆，独特的美食展现了风土人情，跳动的味蕾触动了情感共鸣，点亮了城市似锦繁华，渲染了烟火气息。美食也成为城市名片，说烤鸭，我们想到的是北京；说狗不理包子，我们想到的是天津；说羊肉泡馍，我们想到的是西安；说火锅，我们想到的是成都、重庆……

想要管窥一个地区的经济活力与文化繁荣，"食"是一个很好的切入点。可以说，懂吃、能吃、会吃，是经济活力的体现。如果还停留在"够不够吃"的阶段，那地方必定是缺乏经济基础的。开始思考"好不好吃""还有什么东西好吃"的问题，一定是衣食无忧、风调雨顺的消费社会才有的苦恼。在这样的地方，美食被赋予了更多属性，乃至承担起区域经济发展的支撑功能。餐饮业的发展，既为城市经济贡献了指数，也成为提供就业的一个重要渠道。

心灵的绽放从味蕾起舞开始。就像电影《美食总动员》里描述的那样，美味的东西总让人看到不一样的世界，仿若置身于温柔的梦；也可以让我们找回从前美好的记忆，找回那些丢失的东西。随着现代旅游业的发展，美食又成为推动旅游的一个加速器。饮食文明作为一种传统民俗现象，已经成为一种重要的旅游资源。旅游者对旅游体验的质量要求越来越高，他们更加关注餐饮的质量、安全，乃至特色与文化。餐饮美食已成为旅游目的地吸引游客的重要旅游资源，在提升旅游目的地的吸引力与竞争力、促进旅游目的地的经济发展等方面发挥着无可替代的作用。

再进行广泛而深入的观察和审视，我们还会发现，工业、农业、教育、科技、文化、艺术等，都与美食结有不解之缘。可以说，美食已渗透城市的每一个细胞，融入社会发展的方方面面。

回看我们雅安，"食"在是个好地方，别有一番"味道"。雅安独特的地理、生态环境，为雅安提供了丰富的食材；悠久的历史和厚重的人文，形成了多样的习俗和风味，也形成了川菜中独特的雅安味道，产生了深厚的雅安饮食文化。西康大酒店、蜀天星月宾馆、雨都饭店、三雅园"雅安之夜美食"广场、"雅安味道"正黄美食广场、建设中的西康记忆特色街区等，不仅是我们雅安城市的标志建筑，也成为市民休闲聚会的重要场所，更是人们热捧的城市新地标和向往的网红打卡地。砂锅雅鱼、荥经棒棒鸡、荥经挞挞面、贡椒宴、土司宴等特色美食，以美食的身份为雅安代言，成为一张张宣传雅安的名片。汉源花椒以其优良的品质，被誉为川菜之魂，成为川菜首选调味料。

丰富多彩的雅安美食，滋养着150多万雅安人民，恭迎着来往雅安的旅客游子。结合旅游和消费经济的发展，雅安着力打造餐饮美食名片，开发特色旅游餐饮，培育"雅安味道"特色餐饮企业和餐饮品牌店，推出了一批特色美食、名师、名厨；规范餐饮标准体系，创新特色餐饮；建设城市消费聚集区，打造消费新场景，全市形成了一县一特色"雅安味道"，一城一主题"特色街区"。至2020年年底，雅安全市餐饮店（馆）近万家，从业人员超过10万人。支撑雅安餐饮业的是可观的消费，2020年，雅安餐饮收入达到40.21亿元。餐饮、美食，正在为新时代雅安经济、社会发展做出积极的贡献。

活力魅力雅安，是一座最滋润的城市，也是一座有滋味的城市，不仅可以让您感受熊猫之萌、领略自然之美、体悟文化之韵，还可以让您品尝美食之味，见识一个独具魅力的"舌尖上的雅安"，让您大开眼界、大饱口福。真心"食"意、真材"食"料、只"味"您来、面向"味"来。一个历史与现代完美融合、自然与人文相映成趣的大美雅安正敞开怀抱，广迎八方来客。我们坚信，雅安美食作为重要的情感媒介和旅游资源，必将在建设现代化雅安的进程中做出更大贡献。

为弘扬传承雅安悠久的美食历史文化，留影雅安城市烟火味道，市政协组织编纂了雅安市生态文化旅游系列之《雅安味道》一书，旨在追述雅安餐饮历史、文化渊源，记录雅安特色风味美食。该书图文并茂，对雅安的美食发展、菜品类别、风味特色、生态食材、精美食器，以及美食与经济社会、文化发展等进行探究和展现，助力雅安生态文旅康养融合发展，以期为"成渝后花园、五宜幸福地"增香添味，为"川藏铁路第一城、绿色发展示范市"献上一份精美大餐和一场时代盛宴。

雅安市政协主席　**戴华强**

2021 年 11 月

目录

民以食为天，食以味为先。

自古以来，饮食文化不仅是中华大地民族文化、区域文化中十分重要的一个组成部分，也是地方历史文化的一个重要特征所在。

雅安是四川省历史悠久的一座文化古城，雅安饮食文化是川菜文化的重要组成部分，雅安汉源特产的花椒，自唐代以来就被列为贡椒，被誉为川菜之魂。

雅安古为青衣羌国地域，先秦时代被纳入中央政府管辖，"两汉"文化历史底蕴丰厚，唐宋以来成为茶马互市和通往西南、康藏的重要交通要道，不少物产纳入贡品，还有不少驰名中外的重要食材。

雅安地处四川盆地西缘，为四川盆地到青藏高原的过渡地带，大渡河、青衣江两条河流从雅安境而过，以大相岭为天然分水岭，形成北部的青衣江水系和南部的大渡河水系，把雅安分为南北两线。大相岭和二郎山对暖湿气流的阻挡，在雅安北部区县形成充沛的降雨，自古以来雅安就有"华西雨屏""西蜀天漏"的称谓。而雅安南部的汉源县、石棉县则处于大渡河干热河谷地带。特殊地形和气候，赐予雅安丰富多样的物产，这些物产成为雅安土地上人民的重要食材。

雅安是四川盆地与青藏高原、汉文化与民族文化、现代中心城市与自然生态区的结合过渡地带，是四川省历史文化名城和新兴的旅游城市，素有"川西咽喉""西藏门户""民族走廊"之称。多元的民族和文化的交融，为雅安带来了各种饮食习俗和风味的大交流、大融合。

历史、地理、气候、人文的特性，都成为雅安土地上的人民，创造丰富多彩的美食风味和美食文化的沃土和元素。

雅安美食历史文化脉络

　　雅安是四川盆地进入康巴和西藏的咽喉，大渡河、青衣江南北两大流域孕育繁衍着这方土地和人民，在南部有著名的旧石器时期的"富林文化遗址"，在北部有新石器时期的"沙溪遗址"，雅安先民在这片土地上留下了生产、生活遗迹。随着羌人南迁，在青衣江上游现宝兴、芦山一带，建立了青衣羌国。先秦时代，雅安就被纳入中央政府管辖，置严道（治所荥经），这是雅安最早的建置；秦以后，有黎州（治所今汉源）、汉嘉郡（治所今芦山）、雅州等治所；民国时期，为西康省驻军重镇及经济文化中心；中华人民共和国成立初期，设雅安专区，为西康省省会所在地；1955 年，撤销西康省后，设为雅安地区；2000 年 12 月，撤销雅安地区设立雅安市（地级市）。现雅安市辖两区六县，为雨城区、名山区、天全县、芦山县、宝兴县、荥经县、汉源县、石棉县。

雅州廊桥

据历史学研究成果表明，雅安境内有人类活动的历史可以追溯到距今一万年左右的旧石器时代，汉源县境内的"富林文化"就是中国南方旧石器晚期的重要文化遗址。"富林文化"，以小石器为其重要特征，包括先民们用燧石制作的原始尖状器、刮削器及石器材料，此外还有熊、野猪、鹿和鸟类骨骼以及腹足类动物化石。熊、野猪、鹿，这些古代"富林人"的伴生动物，极可能已经成为雅安先民们的重要食物！出土的碳化植物有板栗和香叶树，伴有蚌壳、木灰、灰烬、烧骨遗物和哺乳动物化石等，也是雅安早期人类用火开启熟食时代的标志。这些都表明在距今数十万年至数万年前的雅安大地上，早期人类已经在此繁衍、生息，开启了采集、渔猎的饮食方式。

位于青衣江流域现雅安市中心城区雨城区内的"沙溪遗址"，发掘出土了众多的有肩石器，专家认为这是表明农业发展程度的一个标志，说明西周后期至春秋时期，雅安农耕经济有了一定程度的发展。同时发现的斧、锛、凿、刀、锄等，都标志着"锄耕农业"在雅安已经开始。

沙溪遗址"有肩石斧"　　　　旧石器时代富林文化的燧石凹刃刮削器

商周以前，雅安已种植小麦和荞子，主要分布在今汉源、石棉、天全、芦山县区域内，雨城、名山、荥经、宝兴区域内也有种植，面食已成为当时的主要食品。雅安境内早期人类聚居的汉源县大树镇麦坪村发掘的新石器墓地、商周墓地及墓葬中，有窑、灶、墙等大量遗迹发现。麦坪连排石砌围屋，以及麦坪人用于祭祀的檀香树枝叶和荞子碳化物，表明当时的人们已经开始了定居种植粮食的生活。从出土的生产、生活工具来看，当时麦坪居民的生产模式以农耕为主、辅以渔猎，是适应山地环境的典型个案。

从严道古城发现的春秋至秦汉的各类墓葬及出土文物中，大批的青铜器、炊具、陶器等，为雅安饮食文化提供了重要的实物资料。陶鸡、陶狗、陶猪等，表明这一时期的雅安先民已将鸡、狗、猪作为重要家禽和家畜饲养，成为主要的食物原料。他们使用了陶罐、陶甑、铁釜、刀、削、釜、爽瓦等用具，采用了简单的烧、烤、蒸、煮、烹等方式制作食物。

青衣江流域宝兴县出土的汉代画像砖，有牧牛图、狩猎图、兽斗图等，反映了当地游牧民族的生活场景。《牧牛图》画像砖画面右边有三头牛，在牧人前面吃草；左边是一个戴帽穿裙的牧人，身后牵着一头昂首竖耳的猎犬，所牧牛种似为犏牛。犏牛是一种牦牛与黄牛的杂交品种，宝兴现今饲养犏牛也很普遍，该牛不能役用，只能食用，即宝兴人称的菜牛。由此，宝兴饲养、食用犏牛的历史可以追溯至汉代。

在雅安其他县区的画像砖中，我们发现，以鱼骨架、鱼形为纹饰的画像砖也较多，东汉时期，鱼已经成为日常生活的重要食材，刻入画像砖，也寓意着"年年有余"的祈愿吧。

秦汉时期，严道已开始养殖黄牛，现称荥经黄牛，除役用外，也常食用，其脂肪分布均匀，肉嫩、色鲜、味香，肉质良好。铁制农具较普遍地运用于农业生产，粮食作物被普遍种植。据《太

上图：出土于宝兴县的汉代画像砖牧牛图（拓片）
下图：出土于汉源县的汉代画像砖鱼骨架、乳钉纹（拓片）

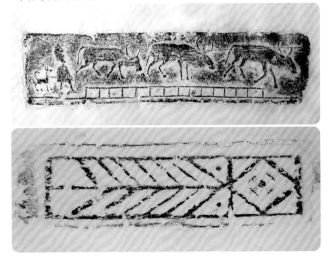

平御览》引《云南记》称："雅州荥经县土田岁输稻米亩五斛，其谷精好，每一斛谷近得米一斛，炊之甚香滑，微似糯味。"在秦汉时期，荥经的大米已是巴蜀地区主食材中较有影响的品类。直到清朝时期荥经仍旧保留了米滩坝、米袋坝的地名。西汉时，芦山、天全一带开始凿盐井，并用"火盐"煮盐。汉武帝元鼎六年（公元前 111 年），汉武帝平定西南夷后，"夷人以红椒、马同汉人交换盐和布"，可见汉源花椒在汉武帝时已进行人工栽培，并用于贸易。盐和花椒的应用，丰富了饮食烹饪的方式和味道。

秦汉时的严道，已成为一个声名显赫的地方，甚至在"两汉"时期，严道的辉煌达到了极致，成为不折不扣的边塞重镇、军事重镇、经济重镇和文化重镇。严道古城由主城与子城两部分组成，设计合理，结构严谨，布局完整，在当时算是有一定规模的。严道经济作物十分丰富，已有梅子、无花果等，还开辟了橘园，设有"橘监""橘丞"等机构和官员，负责向京师长安输送水果和其他物产。

唐宋时期

隋代在雅境设雅州，"雅州"之名第一次出现在历史上。

唐宋时期，雅安农业水平总体较成都平原低下。唐代，严道（今荥经）、名山丘陵地带已成为产粮区。和川一带（今天全县仁义乡、老场乡）所产的香稻，米质洁白，滋润爽口，芳香浓郁，曾为贡米。茶叶与花椒的种植也占有优势地位，在唐代成为贡品。"贡茶"为蒙山茶，主产于今名山区，尤以蒙山顶上的茶为最好，当时即传"扬子江心水，蒙山顶上茶"。"贡椒"盛产于汉源，以清椒、黎椒最为著名，油润粒大、色彩丹红、芳香浓郁、醇麻可口是其特色。唐宋时期，花椒在名称上分成蜀椒（黎椒）、巴椒、秦椒三大区域品种，中心仍是在巴蜀地区。"黎椒"是作为贡品存在的，《新唐书·地理志》中便有黎州贡"椒"的记载，《元和郡县志》《方舆胜览》等也都将其记为贡品。

这一时期商品经济也有所发展，许多农村出现了定期的草市，农民在草市交换需要的生产工具和生活用品。严道县的"遂斯安草市"成为当时四川农村有名的商业中心，每年交易茶叶"千万斤"，同进交易各种农作物和畜产品、食用品。

唐宋时期，雅鱼一直为重要的特产和上等美食。雅鱼，四川地区也称丙穴鱼、嘉鱼，即齐口裂腹鱼和重口裂腹鱼，在文人雅士的诗词、文献中多有歌咏和记载。唐代杜甫在其《将赴成都草堂途中有作先寄严郑公（五首）》中云："鱼知丙穴由来美，酒忆郫筒不用酤。"盛赞丙穴鱼；南朝宋任预在《益州记》中称"嘉鱼，细鳞似鳟鱼，蜀中之拙鱼。蜀郡山处处有之"；宋代成都知州宋祁的《益部方物略记》则称"鱼出石穴中，今雅州亦有之，蜀人甚珍其味"，宋祁还有诗云："二丙之穴，阙产嘉鱼。鲤质鳟鳞，为味珍硕"；宋人汪元量在其《水云集》中称"闪闪白鱼

左图：唐浅黄釉双耳瘦流形瓷壶
右图：宋六瓣白釉瓷碗

来丙穴，绵绵紫鹤出巴山"；陆游的《思蜀》中称"玉食峨眉栮，金齑丙穴鱼"，"金齑"即是用金橙切成细丝和酱而成的调味品，唐宋时期巴蜀地区普遍用饴糖助味，这种"金齑丙穴鱼"当时是四川的一道名菜；明代才子杨升庵后半生多次往返川滇，曾在雅安停留多次，时雅州知府时亿，特备雅州特产丙穴嘉鱼款待，杨升庵品鱼后赞诗一首："南有嘉鱼，出于丙穴。黄河味鱼，嘉味相颉。最宜为鲑，鬲以蕉叶。不尔脂腹，将滴火灭"，杨升庵此时吃的雅鱼，用蕉叶包着用火烤制而成，似是今天的烧烤鱼了；清代初年，陈聂恒曾谈到当巴蜀地区称这种鱼为细鳞鱼，认为味道可以与熊掌并称。

雅安出土的古代饮食器具

除丙穴雅鱼外，古代雅安一带食用鲵鱼的名气也较大。鲵鱼，俗称娃娃鱼，《蜀志》云："雅州西山峡谷出鲋鱼，似鲇，有足，能缘木，声如婴儿，可食。"可以看出，可能当时自然状态的鲵鱼资源还是较为丰富的。

雅安出土的古代饮食器具

在巴蜀历史上，真菌类食材也食用较早，如木耳。陆游《思蜀》中的"玉食峨眉栮，金齑丙穴鱼"，就可肯定木耳是作为野蔬的。陆游还在《冬夜与溥庵主说川食戏作》称"唐安薏米白如玉，汉嘉栮脯美胜肉"，可见唐时文人对汉嘉栮脯的赞美。栮脯即干木耳，现芦山县曾为汉嘉郡治所，因之雅安食用木耳的历史是十分久远的。

雅安野生绿菜，也为文人雅士所称道。据《芦山县志》等相关文献记载，宋代大文豪黄庭坚被贬谪到涪城，他在芦山的族亲史琰（字炎玉）代丈夫张履写信至涪城，并馈赠珍贵的芦山绿菜。黄庭坚品之甚美，赞诗一首，回寄炎玉。这便是有名的《绿菜赞》，诗曰："蒙蔡之下，彼江一曲。有茹生之，可以为蔌。蛙蟆之衣，采采盈掬。吉蠲铣泽，不溷沙砾。芼以辛咸，宜酒宜餗。在吴则紫，在蜀则绿。其臭味同，远故不录。谁其发之，班我旨蓄。惟女博士，史君炎玉。"这首《绿菜赞》，被芦山人镌刻在古庙中，至今仍然保存完好。

元明清时期

元明清时期，大量移民涌入雅安，特别是清朝的"湖广填四川"这一大规模的移民潮，给雅安带来了新食材和新的饮食习俗，雅州饮食有了新的发展，为后世餐饮业发展奠定了良好基础。

为恢复因长期战争被破坏的经济，元政府命令军队和官府大量措置屯田，也曾多次征发蒙古军、汉军到雅州戍守和屯垦，促进了当地经济的发展。至元十八年（公元1281年），元廷给黎州、雅州1154户居民2308锭钞，用来购买种子、牛具等，以促进农业发展。在明代，水碾、水磨已遍布乡村。水碾用于加工稻谷，水磨用于加工玉米、小麦、荞子等。

明代汉藏贸易十分活跃，雅安成为商品交易的重要场所。洪武初年（公元1368年），在雅州设茶马司，雅州的茶，从碉门（今天全）、黎州（今汉源）、雅州（今雨城、名山）出发，运抵朵甘、乌思藏等地。《明史》称"行茶之地五千余里"。茶运到朵甘、乌思藏后，换回的是当地的马匹、毛布、毛缨、毡衫等。这条贸易通道，史称茶马古道。茶马古道起源于唐宋时

裕兴茶店，是始建于清光绪元年的荥经县茶马古道上的茶店。孙明经摄于1999年。

期的"茶马互市"，兴于唐宋，盛于明清。茶马古道沿途的古镇、茶号、茶店、脚店、幺店子，集茶叶交易、食、宿为一体，为背夫和客商提供各种餐饮，不过有的背夫会自带干粮。至清末，雅安城区、天全、荥经、名山等县共有茶号200余家。据1930年的统计，当时雅安城区有茶号14家、荥经8家、天全12家、名山2家。背夫走茶马古道至康定往返约需1个月时间，他们背着少则30公斤、多则150公斤重的茶叶，饿了就吃随身携带的玉米面或者馍馍，渴了就喝山泉雪水，晚上则投宿条件异常艰苦的"幺店子"，烤热自带的玉米馍，再弄一碗盐水来充饥。雅安现存遗址有明代的义兴茶号、清代的永昌茶号、清代的孚和茶号、民国时期的天增公茶号等。《汉源县志》载，"唐宋间邑城（清溪城）内外有九街十八巷，茶、马、牦牛等三大市，至明代尚有茶店8家"。至今，雅安相关区县流行至今的茶马古道小吃，仍受到大家的喜爱，如锅圈子、火烧子、玉米馍馍、豆泡子、豆渣菜等。有背夫歌谣反映晚间休息时"水烫脚，柴烧锅，豆渣菜一碗下馍馍"的情景。背夫带的粮食也有说法："荞翻山，麦倒拐，玉米馍馍经得跩，胡豆豌抄子吃了鸡都撵不得一块。"意思是说背夫带玉米馍馍最好，吃了最经得饿，其次是荞麦馍馍。规模大的茶店茶号，那就是大富人家了，他们会为往来的茶商和客商提供猪、鸡、鸭、鱼等肉类食品和时令蔬菜。

清雍正七年（公元1729年），清政府将雅州升格为雅州府。乾隆时，雅安区域内开始广泛种植玉米，主要分布在荥经、清溪（今汉源）、芦山及天全。

明乳白釉三足瓷爵杯

雅安出土的古代饮食器具

马铃薯在清嘉庆年间始有种植，主要分布在今汉源、石棉、宝兴县区域内，后逐渐发展到全市各县区。明清时期，大豆已广为种植，品种有六月黄、八月黄、油绿豆、白毛豆等。豌豆在清代已有种植，品种主要有白豌豆、麻豌豆、菜白豌豆、青豌豆和马黄早豌豆。胡豆又称蚕豆，清代中叶已广泛种植，品种有大白胡豆、大红胡豆、米胡豆。芸豆、红豆、绿豆、巴山豆等，在清代也已有种植。

咸丰《天全州志（卷二）》《风俗·饮食》有载："城中只食稻米饼，乡村米少，就地所生只用大小麦、玉芦黍、荞麦、高膏粱为饼，聊以度日。"

清代民间，还有食火米的方法。清代王培荀《听雨楼随笔》中记载："蒸谷家家炊火米"，认为"雅人以熟谷碾米为火米"。对此，民国《雅安县志》也有记载："俗多食火米，不火者谓之籼米。曝谷俟碾，火米先盛釜煮半熟，先谷得米石可四斗五升，火谷得米石五斗，'二谷一米'之说为火谷言之也。"民国《名山县新志》引旧志记载火米制作方式："用大釜和水煮谷，候其皮欲裂，渐之蒸之是也。非不得已鲜有用炒者。不炒、不煮，乃曰籼米，精凿有之，不耐饥，乡民少用也。"简单一点说，就是将稻谷进行蒸煮后再晒（或烘）干或炒干后碾米，出米率高达80%以上。火米，附着的谷皮、种皮、糊粉层、胚芽和胚乳几乎全在上面，其营养（脂肪、蛋白质、纤维素、维生素、钙等矿物微量元素）含量比籼米高。乡民称火米胀饭，吃了干活经得饿，民间称筋强力壮的小伙是吃"老火米长大的"。但在古代，尤其是粮食紧张时期，这是填饱肚子的一种吃法，因为火米吃起来比较糙口。

这里，还要提一下川菜中的姑姑筵。据传，曾在雅安荥经县任过知事的黄敬临（亦写作黄晋临），是川菜姑姑筵的创立者。黄敬临及其子孙在成都、重庆开办的姑姑筵酒店在川菜文献中多有记载。至于黄敬临在荥经任知事时，是否推广过姑姑筵，我们是不得而知了，但雅安民间儿童游戏中有办姑姑筵一出。

民国时期

民国时期，雅安已有简易水利工程 900 多处，有效灌溉面积 10 万亩。这一时期，雅安地区主要种植粮食、水果和蔬菜，民众主食主要是水稻、小麦、玉米、马铃薯、豌豆等，养殖猪、羊、牛、兔和小家禽作为肉食原料，蔬菜品种丰富。清雍正年间，红苕种植已传入四川，但到了民国时期，也仅汉源县有零星种植。雅安各县有粮茶间、种茶园 2.87 万亩，雅连（黄连）、牛膝、天麻等中药材质量最佳，驰名中外。据《汉源县志》记载，民国时期，汉源种植面积居首位的是玉米，粮食作物还包括稻谷、洋芋、红苕、豆类，蔬菜则有约 120 个品种。据民国三十一年统计，粮食加工仍沿袭土碾、土磨，汉源县共有碾房 120 座、磨房 238 座、大罗房 95 座。

汉源大相岭的茶马古道。
孙明经摄于 1939 年。

民国时期，雅安是西康省驻军重镇和经济文化中心，是汉藏商贸集散市场，边茶贸易最盛，往返商客不绝，商业包括餐饮业比较兴旺。1949 年，雅安县（今雨城区）有餐饮企户 300 家，从业人员 442 人，较大的餐馆有馥记、洞天、馈芬、鸭绿江等。雅安名菜以河北街炳章饭店的砂锅雅鱼、脆皮鱼、糖醋鱼、豆瓣鱼、红烧鱼著名，还有棒棒鸡、油淋鸭子、烟熏鸭、挂炉鸭子、白斩鸡等。主要名小吃有一口钟食店的豆花粉、乐康饭店的浑浆豆花和石磨豆花、罗序江的挞挞面、回族吴师爷的白糖烘饼等。九碗席已很兴盛，民国《雅安县志》记载："宴客昔人

抗战时期，西康雅安汉源、荥经等地调集粮食保障乐西抗战公路加快修筑。孙明经摄于 1939 年。

用五宾盘，嫌其简也，易为九碗席，踵饰增华，晚为燕粉席，再易为参肚、为鱼翅。"

　　民国时期的雅安社会，人们日食两餐居多。山区以玉米杂粮为主，逢年过节始食大米。玉米传统吃法：磨面做烘锅子馍馍（也有加豆浆的豆泡子馍馍、加馅的包心子馍馍）、火烧子馍馍和"吊气粑"等。通常"吊气粑"是锅边烙馍，锅心煮菜，又称"一锅煮"。一般为节省时间、俭省柴火，逢年过节、红白喜事，宴请宾客，办"九大碗"，视为隆盛。冬至前后，杀过年猪，北部六县会挂熏腊肉，南部两县河谷地带则炸"坛子肉"，高山仍挂熏腊肉，细水长流，吃至来年。雅安的日常饮食还有豆花饭。据民国《雅安县志》记载："浸豆磨浆，岩盐点之成乳，曰豆花；用粗布裹作方块，曰豆腐，黄煎白煮，色味俱佳，晨夕以佐饔食，比户皆然。山中居民也是'玉蜀黍膏兼豆共'。民国时，汉源的酱园业主要生产酱油、醋、豆瓣、豆豉、豆腐乳等，其中酱园业著名的商号有程姓酱园、曹家福茂酱园、陈家维新酱园、夏家太义昌酱园等 8 家。富林场上，则有全盛、万盛、隆盛、源盛、永盛、恒顺、隆丰等十多家，其中程家酱园尤以醋闻名，其酿制的醋浓香

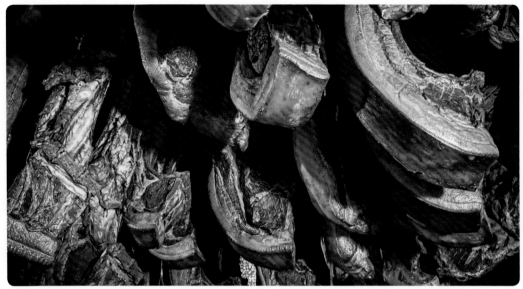

雅安民间挂熏腊肉

民国时期拍摄的大渡河特产细鳞鱼

扑鼻，酸鲜醇甜，于县内小有名气。从清代开始，汉源民间即有用土榨甘蔗熬制红糖的方法，较著名者有市荥火厂坝呼家糖坊、大树海螺坝陈家糖坊等，至民国时期已有糖坊近10家，均系季节性生产。在糕点业店铺中，民国时期汉源富林场上有全丰源、一元斋等6家店铺，九襄场上有名扬居、嘉伦斋等7家店铺，其中全丰源、一元斋资本雄厚，名扬居的桃片、嘉伦斋的点心较受欢迎。

**现代雅安
餐饮业发展**

新中国成立后，改革传统耕作制度，改变栽培技术，推广良种，扩大种植面积，种养殖业得到发展，食材品类丰富，促进了饮食业的繁荣，传统名菜、名小吃保留下来并有所发展。雅安街头的饮食摊点也比较齐全和丰富。

据《雅州通览》记载，新中国成立后，雅安成为巴蜀地区通西南民族地区门户，商业经济的繁盛也带来了饮食业的繁荣。1951年，雅安修筑康藏公路（现川藏公路）时，西南交通部为方便参加公路建设人员途中食宿而建成了西南交通旅行社，除了提供旅舍、理发、浴室等服务外，梁柱彩绘、富丽堂皇的交通旅行社还从成都和重庆等地抽调名师、高手主厨，并供应特制的"砂锅雅鱼""雅鱼全席"，音乐茶厅负责供应四季冷热饮料、糕点、冷食，饭馆、小食部则供应雅安著名小吃、小锅小炒等应时菜肴。

*1976年雅安县（现雨城区）
朝阳街雅鱼食堂街景*

雅安城区的饮食服务业多为私人经营，在东大街、中大街、西大街，较大的餐厅有乐康、佳益味、品珍园、越香村、新源、雅鱼、晋阳楼、一口钟，继后又建立了国营交通餐厅、健康餐厅、国营餐馆。这些餐厅都有名师掌灶，烹调技术较高，能包办宴席，烹饪名菜。

雅安街头的饮食摊点有卤制品（卤鸡、鸭、猪肉及牛肉等）、抄手、包子、麻辣粉、汤圆醪糟、锅盔、面等各类小吃，颇具地方特色。

1980年以后，随着改革开放的不断深入，雅安地区餐饮业不仅得到了恢复并不断创新发展，老的名店、名菜、名小吃逐步恢复，还引进了兰州拉面、云南米线、重庆火锅等小吃和名菜，饮食业网点增多，摆摊设点、送货上门，早餐夜宵不断丰富，呈现出繁荣兴旺景象。传统名菜和创新品类主要有砂锅雅鱼、棒棒鸡、阴酱鸡、蔡鸭子、刘鸭子等，名小吃有荥经挞挞面、继红顺河抄手、伍抄手、夫妻拳头粉、又一春面、永平面、程凉粉、一江春包子、双双牛肉等，普通小吃有凉粉、凉面、甜水面、米粉、水饺、春卷、烧麦、豆腐脑、油糕、糍粑、油炸糍粑、汤圆、蛋烘糕、鸡蛋卷、醪糟、粽子等数十种。

据1983年8月《雅安县志通讯》刊登的一篇《雅安传统食品》文章中记载：雅安（今雨城区）地处川藏交通要道，建县已有1400多年，曾是郡、道、州、府治所，新中国成立后，又是省（西康省）、市、专（区）、县驻地，传统食品源远流长，具有特色，尤以雅鱼的烹调闻名遐迩。

其中，雅安的传统食品粗略统计有40余种，较负盛名的有：河北车站富顺饭店以雅鱼菜肴名盛一时。雅鱼烹制厨师吴尚全，用鲜活雅鱼，制作有五大名菜：一是砂锅鱼头，二是脆皮鱼，三是糖醋鱼，四是葱烧鱼，五是豆瓣鱼。砂锅鱼头的传统做法是，用四斤至六斤重的鲜活雅鱼，只要齐鳃的鱼头，配以火腿、金钩、瑶柱、鱿鱼、玉兰片、鲜嫩豆腐，加胡椒、姜、葱等佐料，放入荥经砂锅所盛的鸡汤内，拿稳火候烹煮而成。食之，鱼头鲜嫩，鲜美异常。

"一口钟"的豆花粉、鸡汤抄手、炸酱面、白宰鸡，"乐康饭店"的浑浆豆花、口蘑豆花，别有风味，受到外乡、本地群众的赞美。

罗序江的"挞挞面"，面条工艺到家，粗细一致，柔软，久煮不断，配以煸干的肉馅子、嫩笋片，加上调料，汤鲜、面软、味美可口。

回族吴师爷别具特色的"白糖烘饼"，松脆酥香，甜而不腻，入口化渣，冷吃热吃俱佳。

邓胖子的"油炸焦饼"，配料独特，火候适宜，皮脆馅软而不稀。

"美康"猪油米花，所用的猪边油、饴糖的质量好，米花既酥又泡，味香甜，入口化渣。海式包子和凉糍粑均负盛名。

草坝场饮食店谢俊三的油淋鸭子，皮脆、肉嫩、味香，畅销县内外。

陈胡子的烟熏鸭子，周复兴的挂面鸭子，刘永清的八宝稀饭、鲜花饼、三合泥、十全大补汤，王驼子的粉蒸肉，周眼镜的醪糟蛋，"馥记"的金钩包子，张福堂的燕窝粑，欧德高的黄糕，"太源顺"的五香豆腐干，戴四娘的油米花生，邓家的汤圆，李家的菜叶粑，还有油饼子、蒸蒸糕、榨榨面、活吃粉等，都各具特色，受到群众的赞美。

1985年，雅安城区饮食业网点发展到437个，其中：国营28个，集体78个，个体331个。全区城关饮食业从业人员共2034人，全区饮食业年营业额共计850万元。有名气的有教学餐厅（挺进路街心花园旁）、雅鱼饭店（人民路口北端东侧）、乐康饭店、交通旅社（河北街）、健康旅社（今少年宫路与西康路东段交汇处）、一口钟（中大街）、伊斯兰饭店、零酒总店、竹林餐厅等。雅鱼饭店、川康大厦、雅安宾馆等常接待国内外来宾并承办各种会议，方便群众举行宴会、婚礼、茶话、晚会等活动的场所，也成为雅安风尚一时的饮食地标。

雅安的餐馆从业人员如今仍不断学习创新，精心研制菜品，提高烹饪技能和服务水平。雅安地区李诚，是经四川省及成都市、重庆市饮食服务技术职称考评委员会授予的特级烹调师和面点师；卢雅兰被评为特级宴会设计师。雅安地区饮食服务公司一级烹调师尹旭文被省政府表彰为从事科技工作50年的科技人员；雅安地区攒丝焦饼、海味挞挞面被授予"四川省名特风味"小吃称号；"砂锅雅鱼"汤菜被列入《中国名菜谱》；雅州宾馆周宾楼被评为川菜烹饪大师；雅州宾馆周书楼、雅州宾馆李彬、天全宾馆李粹康、老兵酒店冯超军、雨都饭店李达、雨都饭店王代刚等6人被评为川菜烹饪名师；雅州宾馆程在英被评为川菜服务名师。

据2016年版《四川省志·川菜志》（1986—2005）第八十二卷记载：

四川省川菜市场上各地的名食中，雅安市雨城区有砂锅雅鱼、蛋烘糕、臭豆腐，名山县有麻辣鸡、蔡鸭子、牛肉面，荥经县有棒棒鸡、挞挞面、荥经凉粉，汉源县有榨榨面、皇木腊肉、荞麦馍，石棉县有玉米粑、石棉烧烤、石棉老腊肉，天全县有牛肉面、肥肠粉、桥头钵钵鸡，芦山县有王烤鸭、玉米窝窝头、糯米糕，宝兴有羊肉火锅、山药炖土鸡、锅圈馍馍。

雅安地区高级筵席谱：

（一）冷菜　九单碟：盐水鸽脯　陈皮花生　虾松双笋　凤尾酥鱼　脱骨仔鸡　糖醋蜇卷　灯影牛肉　桃仁肚丝　珊瑚雪莲　金鱼闹莲（彩盘）

（二）热菜　九大菜：砂锅海参（配金钩鸡丝卷）　家常鱿鱼丝　香酥八宝鸭（配椒盐味碟）　京酱高笋　蹄燕鸽蛋（配萝卜饼）　菠萝羹（配层层酥）　板栗鸡条　芙蓉鱼片（配鲜菜烧麦）　软烧仔鲢（配炖鸡抄手）

川菜名店列有雅安"雅鱼饭馆"，并介绍为雅安著名餐馆，创建于民国三十五年（公元1946年）。店址在雅安市人民路，原为炳章饭店，因以经营雅鱼菜肴为主，1958年改为雅鱼饭店，由吴尚全主厨，1983年由特三级烹调师李诚主厨。其名菜有砂锅鱼头、豆瓣雅鱼、葱烧雅鱼、脆皮鱼等。

四川名小吃列有雅安"程凉粉食府"，并介绍为雅安著名风味食店。清宣统三年（公元1911年）该店由程金富创办于雅安南正街，特点是凉粉筋丝好，入口细嫩，纯天然不着色，调味汁紧贴凉粉不滑落，味道麻、辣、香、甜。21世纪初，程凉粉食府由程金富的第四代传人程敏经营，店址迁于雅安假日广场，每日供应小吃品种上百种。

雅安乡村坝坝宴

四川名腌卤、火锅店记有"周记祖传棒棒鸡"，并介绍为荥经县周记祖传棒棒鸡，位于荥经县团结街3号，负责人周仕英。该店始创于清代末年，经历四代传承，汇集数辈经验，其特色技艺自成一绝，已成为家喻户晓的美食佳肴。周记祖传棒棒鸡，又称椒麻鸡、钵钵鸡，祖传的手艺，选用上等土公鸡，整鸡煮熟后，用木棒敲打刀背助力宰片，故切片分明，刀刀见骨，盛入盘钵中，罗列成凤眼重重，极似孔雀开屏，尤为漂亮，再淋上各种不同佐料，形成椒麻鸡、山珍鸡、青椒鸡、怪味鸡、白油鸡等不同口味的佐膳佳肴，待客上品。从20世纪80年代至今，周记祖传棒棒鸡声誉倍增，其弟子在省内外开设60余家分店，还获得了"四川老字号""中国名菜"等荣誉称号。

2020年雅安城区掠影

当代川菜名店列有雅安谢氏将府、干老四雅鱼饭店、阴酱鸡风味酒店、雨都饭店、姚记·九大碗、杨家烧菜。

谢氏将府	位于雅安滨江路，负责人赵孟菲，是一家以将军文化为主题的餐厅，紧邻江边，拥有20多个观景包间，特色菜有将府将军鸭、米椒福螺、将府一绝等。
干老四雅鱼饭店	位于雅安沙湾路，1993年创办，负责人干成兵，特色菜有砂锅雅鱼、霍麻煎蛋、野生小鱼、野菌老腊肉、风吹牦牛肉、海带炖腊膀、青椒坛子肉、农家水豆豉等。
阴酱鸡风味酒楼	位于雅安胜利路，创办于1998年，总经理阴筱麒。阴酱鸡由阴筱麒的父亲阴寿彭创制。酒楼特色采有阴酱鸡、阴酱肉、阴酱排、阴氏卤豆腐、鸡汤饭等。
雨都饭店	位于雅安挺进路，三星级饭店，由雅安电力股份有限公司投资兴建，1998年开业，设有中餐厅、宴会厅、火锅厅，名菜、名小吃有冷炝灯花采、水晶蹄花、刺龙苞滑肉片、三鲜挞挞面等。
姚记·九大碗	位于雅安雨城区北郊乡（成雅高速碧峰峡出口），始建于20世纪90年代末，是集餐饮、住宿、娱乐为一体的大型乡村旅游度假中心。其直径5米的八仙桌可供24人就餐，建有生态养殖场2个，绿色蔬菜基地1个，名菜有咸烧白、凉拌笋丝、烤土豆等农家菜。
杨家烧菜	位于雅安四川农业大学校园旁，1993年创建，能同时容纳400余人就餐，特色菜有杨家樱桃肉、杨氏熏排骨、杨氏香辣带鱼、砂锅雅鱼、杨氏蒸蛋等。

四川著名小吃、腌卤店记有雅安"刘鸭子"，并介绍为雅安著名食店。该店创办于20世纪50年代初，位于雅安西大街，时任总经理李雪琼，特色品种有冰糖甜皮鸭、香酥脆皮鸭、烟熏板鸭等。上述特色以土麻鸭为原料，辅以多种名贵香料，用传统工艺制作，成品皮脆肉嫩、离骨化渣、色泽鲜亮、味美可口。该店在省内外开设多家直营店、连锁店，刘鸭子还荣获了"中国名菜"称号。

20世纪60年代至80年代名厨表，记有雅安尹旭文、吴祥龙，介绍如下：尹旭文曾任雅安地区饮食服务公司培训餐厅组长，先后在成都义牲园和雅安鸭绿江餐厅等包席馆、雅安公安处、县人委等处担任厨师，能制作很多筵席中的传统菜。20世纪80年代起，尹旭文开始从事教学工作，受到同行好评。吴祥龙曾任雅安新华饭店副经理，先后在西康省贸易公司、雅安乐康饭店、竹林餐厅担任厨师。其负责的经营、管理、培训工作，在当地同行中有较高声誉。

2000年以后，雅安市委、市政府大力发展旅游业，商贸旅游活动频繁，经济社会更加繁荣。随着成雅、雅西、雅乐、雅康高速公路的相继开通，雅安餐饮业也迎来了

曾经热闹的啤酒屋美食一条街

高速发展时期。传统和本土餐饮业迅猛发展的同时，外来的餐饮名店、连锁品牌也强势入驻，食材除雅安本土所产外，海鲜和山珍等高端、外来食材也相继流入，又一次促进了雅安美食与川菜主流和外来美食的大融合、大交流，满足了八方来客的美食喜好。

2003年，在雅安市区雨城沿江北路建成了"千米啤酒木屋"和青衣江畔的生态广场，35幢中式庭院小木屋中，烧烤、汤锅、干锅、火锅、大排档等特色店铺鳞次栉比，成为雅安餐饮美食集中区。西康路东段以西康大酒店为龙头，周边餐饮、茶楼比肩开放。至2006年，雅安城区共有餐饮门店169个（20平方米以上），占市区商业网点的13.9%，餐饮业实现销售额3.1亿元，实现税收990.8万元，雅安全市餐饮业营业额达8.45亿元。2006年，雅安全市城镇有个体及私营餐饮业网点2487个、从业人员10618人、经营资金13677万元。乡村农家乐也如雨后春笋般迅速发展。农家乐多由自家庭院改建或租房租地新建，集休闲、娱乐、餐饮为一体，所用食材生态新鲜，烹制的农家菜品很受游客和群众喜爱。

在中国第二届餐饮业博览会上，雅安市阴酱鸡风味酒楼的参评菜品阴酱鸡、刘鸭子的参评菜品冰糖甜皮鸭、干老四雅鱼饭店的参评菜品砂锅雅鱼、荥经周记棒棒鸡的参评菜品周记祖传棒棒鸡、老兵老店的参评菜品老兵酱肉、天全县山野农俗苑的参评菜品背夫鸡被评为中国名菜，程凉粉食府的参评菜品春卷和兰师傅挞挞面被评为中国名点。

由四川省烹饪协会组织的名店评选活动中，雅安市雨城区干老四雅鱼饭店、阴酱鸡风味酒楼、雨都饭店、谢氏将府菜、雅州宾馆、大成园餐厅、沁香甸酒楼、菜根香酒楼、雨城区味美雅鱼饭店、名山雅月食府等先后获得四川省餐饮名店称号，雨城区味苑酒家、继红顺河抄手获得四川餐饮风味特色店称号。在"川菜产业发展20周年"表彰活动中，雅安梁明荣获了川菜发展创新人才奖，雅安市烹饪协会会长陈云龙被表彰为川菜发展社团先进个人。

2010年以来，随着雅安市城区东扩，姚桥、大兴新区，增加了更多餐饮娱乐业的空间。在政府的主导下，新区着力打造特色美食街区，夜间餐饮十分热闹。市政府制定了《雅安市城市商业网点规划（2016－2030）》《雅安市中心城区商业业态规划》，按照旅游城市"吃、住、行、游、购、娱"六要素，对各商业街区进行了规划。在城市主城区重点规划并着力打造了正黄"雅安味道"特色美食街区、三雅园·雅安味道街区、正黄·时代天街"熊猫夜市"街区，形成了绿洲路、沿江西路、先锋路、熊猫大道（正黄、第一江岸）等特色餐饮街区，更形成了以三雅园·雅安味道街区、协和广场欧式风情街为核心的雅安夜间经济核心示范区。老城区八一路、小北街、四川农业大学周边、假日广场、绿州路、沿江路等街道一般性餐馆和小吃店延续往日生意，姚桥新区的正黄美食街区、第一江岸第一金街、西康商业广场等聚集了众多新的餐饮名店，高中档的如大蓉和酒楼、红高粱海鲜酒楼、沁香甸、鸡毛店、盛大厨菌汤黄牛肉等，特色小吃店、摊点也不少。这些餐饮街区，生意红火，尤其到了晚间，家家门店灯火辉煌，人声鼎沸，推杯换盏，觥筹交错，一派繁华。政府还提出了开发特色旅游餐饮，打造"雅安味道""舌尖上的雅安"系列美食餐饮品牌和企业政策。形成了一县一品"雅安味道"、一城一主题"特色街区"的发展格局，促进了县（区）域特色餐饮形成。雨城区主打砂锅雅鱼、甜水面，名山区主打羊肉汤、茶宴，荥经县主打棒棒鸡、挞挞面，汉源县主打贡椒鱼、九襄黄牛肉，石棉县主打烧烤、草科鸡，天全县主打椒麻鸡、土司宴、桥头堡抄手，宝兴县主打藏

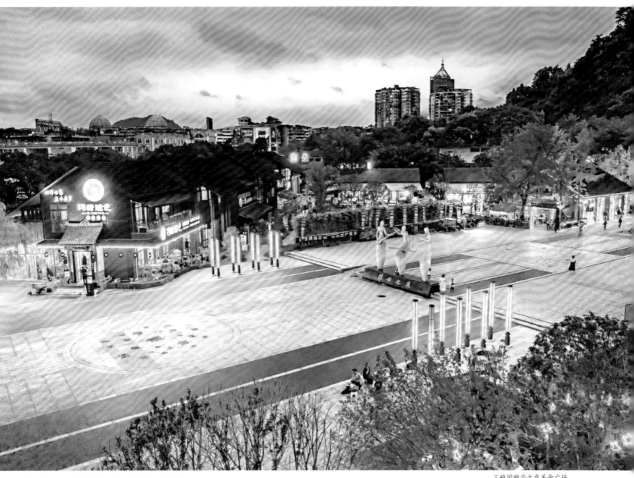

三雅园雅安之夜美食广场

式火锅、老腊肉等特色餐饮品牌。各县区打造的特色美食街区，形成了城市餐馆消费聚集区，发展了夜间经济，从而推动了餐饮业繁荣发展。各县区还将重点景区和交通要道沿线、乡村旅游环线的农家乐上档升级，出现了一批网红打卡餐馆、农家乐。乡村民宿也渐渐兴起，推出了各具特色的农家菜，吸引食客。

在这期间，雅安餐饮标准体系不断完善，发布了《雅安市"金熊猫"旅游服务质量等级划分与评定》(餐饮服务场所)地方标准。汉源坛子肉获地理标志保护产品,相关企业发布了《汉源坛子肉》企业标准。雅安市烹饪协会发布了《雅鱼菜》团体标准。雨城区制定了砂锅雅鱼、清蒸雅鱼、干烧雅鱼、石烤雅鱼、豆瓣雅鱼、开胃鱼皮、菊花雅鱼、香辣鱼排、百花雅鱼、五香熏鱼、酥皮雅鱼卷、玉匣七彩鱼丁等 12 个雅鱼菜系列标准。

雨城区第一金街

市商务局、文化体育和旅游局、市场监管局等部门,联合举办了"雅安好味道"——雅安市首届美食特色风味菜品电视网络评选活动和"雅安味道"年度旅游美食季评选活动,并评出了"雅安味道"年度十大名店、十大名宴、十大名厨、十大创新菜品、十大特色小吃和年度名菜。

雨城区协和广场欧式风情街

第 1 届(2018 年)"雅安味道"评选结果

十大名店	十大名宴	十大名厨
千老四雅鱼饭店(雨城区三雅园店)	茶韵全席(西康大酒店)	黄永勤(雨城区永勤熟食)
雨都饭店(雨城区)	九大碗(雨城区姚记·九大碗北郊店)	任海坤(雨城区哑巴兔饭店)
姚记·九大碗(雨城区北郊店)	大蓉和家宴(雨城区西康商业广场店)	冯天云(荥经老百姓饭店)
西康大酒店(雨城区)	军旅宴(雨城区老兵老店)	陈亮(四川省伟达餐馆管理有限公司)
麻安逸贡椒鱼(雨城区正黄总店)	茶鱼宴(名山区雅月生态食府)	邹勇(石棉县同和酒店有限责任公司)
大蓉和(雨城区西康商业广场店)	森林宴(芦山县麒阳森林食品餐馆)	杨攀(雅安市蓉和轩餐饮有限公司)
明康大酒店(天全县)	古道风情(荥经老百姓饭店)	姚雅全(雨城区九大碗餐饮店)
荥经饭店(荥经县)	贡椒宴(汉源县一品佳源餐馆)	徐军(汉源县一品佳源餐馆)
经河度假村(荥经县)	贡椒宴(汉源县大众饭店)	李双江(雨城区老舅串串)
大众饭店(汉源县)	山珍宴(石棉县同和酒店)	泊兴龙(雨城区红叶山庄)

2018 年评出的"雅安味道"年度名菜：

双味生态大鱼头（李师傅鱼馆、胖师鱼馆），阴记酱鸡（雨城区阴酱鸡风味酒楼），木桶鱼（雨城区雅府正红木桶鱼正黄加盟店），雅故抄手（雨城区雅故黑猪肉抄手），手抓清溪黄牛排（雅安市新雅州酒店管理有限责任公司），沾水鸡（雨城区有盐有味土菜馆），蕙质"篮"心（雨城区丙穴河鲜酒楼），鲜焖脑花（玖贰捌特色烧烤），爽口酸菜鱼（鱼龙湾），卤鹅（杨胖子专业凉菜），麻椒土鹅（雨城区永勤熟食），哑巴兔（雅安市哑巴兔饭店），大众开心卷（汉源县大众餐饮服务有限责任公司），雅鱼丸盅（荥经饭店有限公司），泡椒葱酥雅鱼（四川伟达餐饮管理有限公司），银丝大渡河鱼（石棉县同和酒店有限责任公司），味苑烤鸭（雨城区味苑酒家），牛气冲天（雨城区师傅情人民食堂），招牌谢鸭子（雨城区谢氏将府菜饭店），雨城清舞（雨城区泰迪陪你咖啡厅），砂锅鱼丸（雨城区土砂锅生态山庄），传统鲜血旺（雨城区伟哥熟食），干拌鸡、鲜椒脆肠（七妹饭店），山药炖土鸡（雨城区向光明农庄），菊花雅鱼（天全县小石板饭庄），椒麻鸡（天全县曾记椒麻鸡），柴火鸡（天全县刘记柴火鸡烧烤店），风味豆豉鱼（天全县山野农俗苑），文笔山烧鸡公（天全县梅子坡农家乐），红袍雅鱼（雅安市蓉和轩餐饮有限公司），八角亭特色鲜羊肉、八角亭特色粉蒸羊排（雨城区八角亭餐饮店），麻安逸贡椒鱼（麻安逸贡椒鱼正黄总店），茶之味柴火鱼（幸福农家），尖刀圆子（雨城区九大碗餐饮店），虫草香橙鸭（雅安倍特星月宾馆有限公司），雅鱼粥香狮子头（雨城区干老四雅鱼饭店），羊肚菌扣雅鱼（雨都饭店），藏乡腊排土鸡煲（宝兴县兰妹串串店），杨师片片鱼（宝兴县杨师片片鱼火锅店），雪山一绝（宝兴县旺富酒店），经河沾水鸡（荥经县经河度假村），藏茶养生汤（雅安茶祖圣宴餐饮有限公司），绿茶水晶鸭舌（雅安市西康大酒店有限公司），茶蜜功夫雅鱼（名山区福隆大酒店），香锅辣条（汉源县一品佳源餐馆），墨鱼炖鸡（雨城区红叶山庄），红珠雅鱼（雨城区红珠宾馆），甜水面（雨城区吆吆吉庆小吃），酸汤面筋（佳缘餐厅），豆汤鱼（九世同居坊），九味香烤鸭（九味香烤鸭坊），老兵酱肉（雨城区老兵老店），麻辣鲜牛肉（雨城区老೪串串），山椒脆肠、江湖剁椒鱼（雨城区领地小酌），麒阳酱香野猪肉（芦山县麒阳森林食品餐馆），茶香糯米鸭（名山区福轩楼土菜馆），碗碗羊肉（名山区名诚羊肉），祥和酱香兔火锅（名山区祥之和茶家乐）。

首届雅安味道评比

雅安味道"一县一品"现场评比活动

第 2 届（2019 年）"雅安味道"评选结果

十大名店	雅月生态食府（名山区） 一品佳源（汉源县） 雨都饭店（雨城区） 西康大酒店（雨城区）	福轩楼土菜馆（名山区） 熊猫老家大酒店（宝兴县） 土砂锅生态农庄（雨城区） 干老四雅鱼饭店（雨城区）	阴酱鸡（雨城区） 七星园（荥经县）
十大名宴	五雅源·生态宴（雨城区雨都饭店） 茶韵全席（雨城区西康大酒店） 雅鱼茶宴（名山区雅月生态食府） 贡椒宴（汉源县醉香园）	茶宴（雨城区福轩楼土菜馆） 生态养生宴（石棉县同和酒店） 雅鱼宴（雨城区干老四雅鱼饭店） 鲍鱼宴（雨城区香缘酒楼）	藏家宴（宝兴县十城食府） 森林宴（芦山县麒阳森林食品餐馆）
十大创新菜品	风味嫩牛肉（汉源县今知烧烤店） 绿水青山（雨城区西康大酒店） 一品菌香烩（雨城区雨都饭店） 茶香虾仁（名山区雅月生态食府）	砂锅雅鱼丸（雨城区土砂锅生态农庄） 招财进宝（宝兴县熊猫老家大酒店） 极品火焰茶香虾（名山区福轩楼土菜馆） 鱼跃龙门（名山区刘全乡村饭店）	碗碗羊肉（名山区和顺羊肉馆） 仔姜兔（名山区祥和茶家乐）
十大特色小吃	茶汁鸡豆花（名山区雅月生态食府） 汉源苹果酥（雨城区雨都饭店） 锅圈馍馍（雨城区土砂锅生态农庄） 养生四味豆腐（石棉县同和酒店）	粽子（名山区茶马古镇王粽子） 黄金玉米（名山区福隆大酒店） 蛋奶玉米锅巴（名山区柴火鸡无人机之家） 黄金烧白（荥经县经河度假村）	椒麻鸡（天全县三土司椒麻鸡） 白斩鹅（天全县杨胖子专业凉菜）

在国内众多的美食、名厨评选等活动中，雅安厨师、代表菜品先后载誉归来。

2017 年以来，张建蓉、李联祥、潘云成、冯超军、何刚、刘汉勋、叶朝东、李正涛、曾伟、冯天云、谢雨禾、梁明、何锦辉、杜方伦、谢刚等先后获得四川省烹饪协会颁发的川菜烹饪大师称号。在"川菜辉煌 30 年"系列活动中，雅安陈云龙获得功勋匠人奖称号，张建蓉、周书楼、潘云成、李正涛、王代刚、冯超军、何刚、梁明获得"川菜 30 年——杰出人物奖"称号。在中国第 29 届厨师节活动大会上，雅安厨师张建蓉、王代刚、冯超军获评注册资深级中国烹饪大师，冯天云、何刚、潘云成、叶朝东获评注册中国烹饪大师，曾伟获评注册中国烹饪名师。在四川餐饮业"庆祝中华人民共和国 70 年华诞"活动上，张建蓉、梁明获颁"川菜经典传承卓越贡献奖"荣誉称号，陈云龙、李正涛、

高级烹调师杨凯旋正在制作菜品

曾伟获得"川菜创新杰出贡献奖"称号。在四川省技能大赛中，彭仕林获得面点金奖，同时四川省总工会授予其"五一"劳动奖章。

2021年7月，四川省"天府旅游美食"发布仪式在成都举行，四川省"天府旅游美食名录"揭牌，正式推出了全川最具代表性的省级旅游美食100道，雅安的宝兴藏式火锅、九襄黄牛肉、石棉烧烤、荥经挞挞面成功入选最具代表性的100道省级天府旅游美食名录。市级天府旅游美食评选出的27道代表性菜品（小吃）为砂锅雅鱼、九襄黄牛肉、石棉烧烤、荥经挞挞面、蒙顶山茶、雅安藏茶、荥经棒棒鸡、名山羊肉汤、桥头堡椒麻鸡、名山兔火锅、名山烧鹅、芦山青羌鱼、兴藏香猪腿、宝兴藏式火锅、汉源贡椒鱼、九襄榨榨面、汉源坛子肉、石棉草科鸡、皇茶酥饼、荥经椒盐饼子、锅圈子、雨城水面、油淋鸭、尖刀圆子、天全鸭脑壳、天全鱼子酱、雅安酱鸡。

纵观雅安美食文化，其深厚的历史底蕴，丰富的菜品小吃，鲜香的美味佳肴，深受历代雅安人民和往来客商的喜爱和欢迎。雅安美食，也为川菜乃至中国餐饮文化贡献了一份饕餮大餐。

雅安地理环境与名特食材

（一）地理环境

从地理位置上看，雅安市位于古老的亚洲大陆腹心、四川盆地西缘，东临成都、眉山、乐山三市，南接凉山彝族自治州，西界甘孜藏族自治州，北连阿坝藏族羌族自治州。雅安是四川省行政版图的"几何中心"、环成都经济圈，是成渝地区双城经济圈的重要节点城市，是成都平源经济区的重要成员，是链接攀西经济区、川西北生态示范区的关键节点，是全省唯一与甘孜、阿坝、凉山自治州接壤的地区，处于"稳藏安康"的前沿阵地，也是"康养宜居地，成渝后花园"。

据《雅安地区文物志》记载，雅安地区属四川盆地西沿山地，是四川盆地向青藏高原的过渡地带。雅安全市辖区面积15046平方公里，山地占总面积的94%，平坝占6%。森林覆盖率达76.76%，属于亚热带季风性山地气候，气温垂直变化显著，境内有邛山夹山脉、大相岭、二郎山、夹金山、青衣江、大渡河、周公河等山脉河流。大相岭横亘中部，将境域分成南北两个自然地带。北面青衣江流域雨量充沛、气候温和，因此有"雨城"之称；南面大渡河流域光照充裕，气候干燥。境内分布野生动物700余种，有大熊猫等国家一级保护动物19种；分布植物约3000多种，有琪桐等国家一级保护植物10种。

（二）名特食材

雅安温和湿润的气候、纵横交错的河流，以及各种类型的地貌等良好的自然地理环境，使得全境的动植物资源十分丰富。自有人类活动以来，雅安境内种植、养殖、渔猎等活动就不断发展，孕育出雅安非常丰富和优质的食材，为雅安美食文化的发展奠定了坚实的物质基础。

　　从秦汉时期起，雅安始有水稻、小麦种植，养殖黄牛，生产盐和花椒的历史。据《太平御览》记载："雅州荥经县土田岁输稻米亩五斛（一种量器），其谷精好，炊之甚香滑，微似糯味。"

　　清《雅州府志》之卷五，用"太和洋溢，百昌呈并茂之休。川岳钟英，九土露精华之蕴。而草木鸟兽鱼鳖，亿兆之资生所系。雅虽崇山绝涧，而当圣明之世莫不物呈其秀，地献其灵"对雅安良好的生态条进行了记述，并分州县详记各地物产。记述雅州府（雅安县附郭）产：桃、李、柿、栗、梨、石榴、核桃、枇杷、佛手、柑子、香橼、樱桃、葡萄、稻、麦、黍、菽、荞麦、黄豆、胡豆、赤豆、黑豆、蕨、芹菜、青菜、白菜、黄瓜、冬瓜、南瓜、丝瓜、茄子、葱、蒜、韭、藕、笋、芋、山药、马、牛、羊、猪、犬、鹅、鸭、鸡、嘉鱼、鲵鱼（俗称娃娃鱼）并对名山县、荥经县、芦山县、天全州、清溪县也进行了分述。

　　可见，在清朝时期，雅安全境农牧业已有一定发展，丰富的食材，促进了雅安美食餐饮的进步发展。

　　到了近现代，特别是 1980 年后，现代科学技术推动了农牧业迅猛发展，雅安作为四川省农作物主产区之一，农牧业基础良好，特色农业优势明显，特色食材品类繁多，产量大且品质优，许多特色食材不仅是国家地理标志保护产品，还成为四川乃至全国知名品牌，远销海外。这些食材是雅安农业经济的重要组成部分，是农民脱贫致富的法宝，也是雅安美食文化的靓丽名片。

至 2020 年，雅安境内主要食材品类

　　粮食类：玉米、水稻、小麦、荞麦、马铃薯、甘薯、大豆、红小豆

　　畜禽类：猪、牛、牦牛、羊、马、鸡、鸭、鹅、兔

　　蔬菜类：大白菜、芹菜、菠菜、卷心菜、花叶菜、青菜、牛皮菜、雍菜、韭菜、

草坝鸭子

天全香谷米

白萝卜、胡萝卜、甘蓝、莴笋、山药、莲藕、芥菜、南瓜、黄瓜、冬瓜、苦瓜、丝瓜、佛手瓜、葫芦、豇豆、豌豆、菜豆、刀豆、扁豆、二季豆、番茄、辣椒、茄子、洋葱、大葱、大蒜（蒜苗）、花椒、生姜、食用菌类（香菇、平菇、蘑菇、羊肚菌）、竹笋

水果（干果）类： 苹果、柑橘、梨、桃、李、葡萄、猕猴桃、樱桃、枇杷、核桃、板栗、花生、瓜子

水产类： 鱼（齐口裂腹鱼、重口裂腹鱼、鲟鱼、虹鳟、鲤鱼、鲫鱼、鲈鲤、黄河裸裂尻鱼、黄颡鱼、斑点叉尾鮰、草鱼）、娃娃鱼（二代）、鳝鱼、牛蛙

食用药材类： 天麻、当归、川牛膝、川芎、鱼腥草、蒲公英

由于雅安特色食材繁多，本书限于篇幅，主要选择获得中国国家地理标志产品称号、列入非物质文化遗产保护名录，以及传统名特产品或种植面积与产量突出等极具代表性的名优特色食材进行介绍。

1. 粮食类

天全香谷米　天全香谷米是历代"贡米"，又名天全贡米，米质洁白、柔嫩。香谷米自带浓浓香味，蒸煮普通米饭时适量加入香谷米，会使普通稻米变得洁白滋润、芳香四溢，故又被称为大米中的"味精米"。素有"天全粮仓"美称的仁义乡为主要产区。

2.果蔬山珍（调料）类

黄果柑　产于石棉、汉源的黄果柑，依托大渡河谷优越的阳光和干热气候条件，由本地桔和橙，天然杂交孕育而成，同时具备桔和橙的优良特性，是我国拥有自主知识产权的杂柑品种。其果实纯天然，花果同树，晚熟，丰产，皮薄，甜酸适度，易剥皮，肉质细嫩，化渣多汁，维生素 A、C 含量丰富。

石棉八月瓜　八月瓜是一种珍贵的野生果品，形似香蕉，有"土香蕉"之称，具有良好的饮用、医用保健功能，果味香甜，回味无穷，富含糖、多种维生素和丰富的游离氨基酸等。

石棉枇杷　石棉枇杷果实大，果皮橙黄色，果粉多，果锈少，皮薄，极易剥皮，果肉厚、汁多、细嫩、风味浓郁，可食率高，可溶性固形物含量大于等于12%，是枇杷中的上品。

汉源雪梨　又称汉源白梨，色香形美、肉白如雪、细嫩化渣、香甜多汁、清脆可口。汉源雪梨栽培历史悠久，畅销省内外。

汉源樱桃　史料记载汉源樱桃有 200 多年的栽培历史，其果实呈宽心脏形，果面紫红色，有光泽，果皮细薄、光滑，果肉黄色，近核胭脂红色、细嫩、软，汁多，味甜，风味浓。

猕猴桃　野生落叶藤本植物，果呈卵圆形，褐青色，果面有细茸毛，肉质细而多汁，清绿发亮，酸甜适度，素有维生素 C 王之称。芦山、雨城、天全、荥经、名山等县区猕猴桃资源丰富，其加工生产的果酒、果汁、果酱和罐头等，畅销省内外。

芦山龙门黑花生

龙门花生　芦山县龙门花生荚角细长，头尖基本相等，壳面凹凸明显，粒粒饱满，入口生津，回口悠甜，具有香、脆、甜、化渣快的优点。

竹笋　雅安林竹资源丰富，雨城、天全、芦山、荥经海拔在 1000 米以上的高山无污染区就有 10 余个品种。雅安竹笋肉质厚实，质地细嫩，营养丰富。鲜笋直接上市作时鲜蔬菜，笋干则采用深山中一年生黄竹、苦竹、白夹竹、实心竹出土的嫩笋，经过打断、剥壳、漂煮、熏炕等工序制作而成。

天全薇菜　学名紫萁，当地人称广栋苔，生长于天全高山峡谷地带，嫩苗粗壮，肉质肥厚，加工后成红棕色，具有光泽，根条完整，卷曲多皱纹，组织柔软，富有弹性，用开水浸泡则全部恢复原状，属山珍佳品，远销海内外，在日本享有盛誉。

名山千佛菌　产自蒙顶山，是一种名贵的食药两用菌，外观形如莲花，香味浓郁、肉质柔嫩、味如鸡丝、脆似玉兰，富含人体必需的微量元素和多种维生素，属川产名贵菌种。

芦山绿菜　属藻类植物，叶状鲜美嫩绿，尤以沫东镇大林溪生长的绿菜，更具特色。其生长于气候湿润、雨量适宜、云雾溟蒙、溪涧奔流的岩石上，好似珠蚌翠绿的衣裳，晶莹青黛，浓郁飘香，古为贡品。采撷绿菜时，要选择在水质碧澄的夏秋时节，备好竹刷和口袋等特制工具，进入急流溪谷中心，小心仔细采撷，再盛入预备的器皿。采回的绿菜须经淘洗，去掉泥沙杂质，装入模具，加工成方块形，晾晒干燥，包装成品。绿菜生食别具一格，制作凉拌菜肴，风味独特。

川牛膝　天全、宝兴的川牛膝为多年生草本药材，属道地中药材，根条肥壮，质地润，富含油脂，不易折断。其截面呈菊花状，味甜，无麻味，为牛膝之上品，声誉极高，在国内及东南亚各国享有盛誉。

荥经天麻　荥经县是四川省天麻生产基地县之一。荥经天麻肥大坚实，顶端有红棕色或红色芽苞，底端有圆脐形的疤痕，表面为黄白色或淡黄棕色，呈半透明状，细皮嫩肉，质坚硬，断面细密，角质状。

二郎山山药 是薯蓣属植物山药中的上乘佳品，由野生山药经人工培育而成，肉白质紧，粉足黏性强，久煮不散，块茎最长可达 100 厘米，直径约 5—15 厘米。据《唐本草记》记载："蜀道二郎山薯（山药）优良。"

汉源花椒 古称"黎椒"，有 2000 多年的栽培历史，唐代被列为贡品，又名"贡椒"。其色泽丹红，粒大油重，芳香浓郁，醇麻爽口。汉源花椒以清溪、宜东所产为正宗，称为正路椒。清溪乡的清椒和建黎乡的黎椒，质地优良，每颗皆有籽粒附之，如孩子偎母，故谓母子椒、娃娃椒。汉源花椒是制作川菜不可缺少的调味料，近年来，其随川菜出口，享誉国际。汉源花椒也是药中珍品，具有醒脑提神、祛风寒、治湿痹、逐邪开窍等功能，还是川菜调味"八珍"之一，川菜之魂。

花椒油 选用汉源新鲜花椒，再用绿色食品菜籽油适温淋制而成，芳香浓郁、麻味醇正、纯净爽舌、取用方便，多用于凉拌油淋菜品，或佐面拌料。

3. 禽畜水产类

黄牛 荥经、汉源所产黄牛，肌肉结实紧凑，各部匀称，结构良好，皮薄而富于弹性，被毛多为黄色、棕红色，质细呈肉色，形状多为芋头角，为川产优质黄牛品种。

跑山猪 不喂饲料，不修圈舍，像牛羊一样放养的猪。放养的猪运动量大，养殖跑山猪多用豆渣、草糠、粉碎后的玉米秸秆、玉米进行发酵后的饲料来喂养，还有天然的粮草，使其肌间脂肪充分生长，肉质更好，更生态。

宝兴香猪腿 该品可谓是猪肉制品中的极品，色红如玫瑰，香味纯正，食之久久留香。制作香猪腿必须用野外放养至 75 公斤左右的毛猪，宰杀后，取四肢，去皮，剔除肥肉，经特殊腌制后挂于炕房进行烟炕，一年后方才食用，易保管，耐储藏。

雅鱼喜欢生活在冷水环境，取食水中的浮游生物和岩石石浆

东拉山老腊肉　宝兴东拉山老腊肉原料取于吃纯粮的猪肉，制作时不用烟熏，只任山风吹，腌制出的腊肉不仅保持了鲜肉的丰富营养，而且瘦肉爽口、喷香化渣，肥肉晶亮透明、香醇甜脆，入口不腻。

汉源坛子肉　由汉源民间过年猪的肉经过卫检、修割、清洗、配料、油炸、包装、杀菌、装坛储藏和检验等工序精制加工而成，然后采用汉源土法烧制的陶罐进行保存。其色泽微黄、香糯适口、肥而不腻、食用方便。

石棉草科鸡　四川省优良地方品种，因原产于石棉县草科藏族乡而得名。其体型大，耐粗饲，野性强，善飞翔，山林地放牧生存能力和采食饲草能力强，肉蛋营养丰富、肉质细嫩、味道鲜美、滋补。

雅鱼　又名丙穴鱼、嘉鱼、丙穴嘉鱼，学名裂腹鱼，有齐口和重口之分，裂腹红尾，形似鲤而鳞如鳟，体形肥大，肉质细嫩，原产于青衣江雅安段周公河。雅鱼喜栖在水质清新、有水流、水量充足，并具有沙砾地质的冷水溪流中。雅鱼为喜高氧鱼类，对溶氧量、水质、温度、PH 值等要求很高，一直为雅安特产。

雅安饮食风味体系及烹饪技法

在雅安餐饮界，有雅菜之说。

雅菜，也叫雅州菜、雅安菜、雅安南丝路菜、茶马古道风情菜等。广义上，雅菜是以雅安地域为中心的整个青衣江流域和大渡河流域所在的川西区域内地方风味饮食文化体系的统称；狭义上，雅菜则是雅安辖区内以及其附近的地方特色饮食文化、地方特色风味菜品与小吃，以及地方特色风味筵席等的统称。

雅菜是川菜在川西地区的重要分支之一，它是继蓉派川菜、渝派川菜、自贡盐帮菜、泸菜、攀西地方菜等菜肴之后，又一四川地方饮食风味的统称，是川菜的重要组成部分。雅安地处汉文化与少数民族文化过渡地带，其烹饪方法上既保留了各民族古朴原始的烹调技法，又吸收了四川盆地中原文化的某些特点以及成都地区很多先进烹饪技法和味型特点，同时结合雅安本地的特色生态食材、民族文化、民风民俗等特点，独创出了川西地方风味一绝，最终形成了独具雅安特色的地方风味。

（一）味型特点

雅菜饮食，除了具有川菜"百菜百味、一菜一格""尚滋味、好辛香"的传统之外，更具有"味鲜香浓、鲜麻刺激"的特点。雅菜以鲜字当头，清鲜与麻香并重，醇厚与辣香兼容，酱香与茶香共生，喜麻味甚于辣味，重温度，喜面食，选料广，分量足，烹调中更注重食材的原汁原味，技法多样，自成一体，尤其擅长砂锅菜与棒棒鸡。此外，其还以石烹菜、茶香菜、黄焖菜、卤拌菜、河鲜菜、烧烤菜、烘烤菜等特色，形成了区别于川菜其他地方菜系的鲜明风味特点。在味型上，雅菜仍然具有川菜的大部分味型，有鱼香味型、麻辣味型、家常味型、椒麻味型、怪味味型、陈皮味型、红油味型、姜汁味型、酱香味型、椒盐味型、麻酱味型、芥末味型、蒜泥味型、煳辣味型、荔枝味型、茄汁味型、酸辣味型、糖醋味型、甜香味型、五香味型、咸甜味型、咸鲜味型、香糟味型、烟香味型、烧烤味型等。

目前，雅菜风味体系组成及代表名菜包括——

地标风味　雅安地标风味，是指雅安地区具有悠久历史、厚重饮食文化、广泛知名度的经典特色美食，菜品名字上一般带有雅安辖区的地名、人名等文化元素。代表性菜品有砂锅雅鱼、雅安熬锅肉、荥经棒棒鸡、天全椒麻鸡、荥经挞挞面、顺河抄手、蔡鸭子、名山哑巴兔、九襄黄牛肉、石棉烧烤、汉源樱桃肉、孙权鸭老壳、名山羊肉汤、祥和酱香兔、手抓清溪黄牛排、宝兴藏式火锅等。

畜禽风味　雅安畜禽是以家庭所饲养的家畜、家禽类食材，尤其是指以雅安香猪、黄牛、牦牛、山羊、鸡、鸭、鹅、兔等及其制品为原料所制作的菜品。代表性菜品有红烧肉、椒麻鸡、酱肉、农家酢肉、彝家坨坨肉、鲜焖脑花、乡村炖酢肉、水煮黄牛肉、红烧牦牛肉、魔芋烧剑鸭、蒙茶香酥鸭、尖刀圆子、盐菜坛肉、藏乡腊排土鸡煲、大白豆炖腊膀、粉蒸牛肉、粉蒸羊排、干煸肥肠、农夫焖鹅、爆炒黄牛肉、红烧牦牛肉、墨鱼炖土鸡、萝卜棒骨汤、农家腊猪排、扎底腊肠、豆花烧肥肠、土司烤肉、哑巴兔等。

河（湖）鲜风味　雅安河（湖）鲜风味是以雅安市区域内江河湖库等水产食材所制作的菜品，因为长江禁渔，现均以人工养殖的水产作为食材。代表性菜品有砂锅雅鱼、清蒸雅鱼、羊肚菌扣雅鱼、红袍雅鱼、雅鱼丸子汤、贡椒鱼、酸菜鱼、干炸小河鱼、芽菜双椒鲫、锅巴鱼片、石头鳝段、黄豆泥鳅、泡椒石锅美蛙、豆腐黄辣丁、泡椒鱼头、椒汁蒸鱼、石烹木桶鱼、茶香虾仁等。

加入高汤

山珍风味 雅安山珍风味是指以雅安地域内自然生长的特色珍贵食材制作的菜品，尤其是以雅菌、雅笋、雅茶、蕨菜类特色食材为代表。代表性菜品有蒜泥枞苞芽、生煎松茸、青豆焖三塔菌、三塔菌青豆肉片汤、雅鱼馕羊肚菌、香椿煎蛋、千佛菌炒腊肉、碧峰峡熊猫笋、素炒蕨菜、清炒鹿儿韭、菌香乌鸡堡、羊肚菌炖土鸡、铁板竹荪蛋、灌汤烟笋草科鸡、雅笋里脊肉片、嫩茶叶煎蛋、雅笋肉片、腊肉炒干笋、干笋炖腊膀、酱肉苦笋、茶叶大排等。

药膳风味 雅安药膳风味菜是基于药食同源理论下，采用雅安本地所产、具有食疗养生功效的重要食材，进行烹饪应用所制作的菜品。代表性菜品有砂锅天麻土鸡汤、羊肚菌炖土鸡、白果炖草科鸡、山药炖土鸡、川芎牛肉丝、虫草香橙鸭、羊肚菌炖土鸡等。

火锅风味 雅安火锅风味是指具有雅安本地饮食风味特色的雅陶汤锅、雅安特色食材火锅等。代表火锅有贡椒鱼火锅、双味生态大鱼头、九襄黄牛肉火锅、名山羊肉汤、胖师鱼馆火锅、宝兴藏式火锅等。

小吃风味 雅安小吃是起源于雅安的一类特有风味小吃。代表小吃有锅圈馍馍、甜水面、雨城春卷、西康藏茶酥、攒丝焦饼、豆花鸡丝粉、四味豆腐、黄金玉米、米花糖、皇茶月饼、九襄臭豆腐、汉源榨榨面、火烧子（玉米馍馍）、椒盐饼子、邵饼子、油糕、烤土豆、荥经挞挞面、酸菜面皮汤、桥头堡抄手等。

筵席风味 雅安特色筵席是源自雅安，传承本地传统饮食习俗，能代表雅安文化与特色，具有普遍社会功能的群体宴饮。代表性筵席有雅安九大碗、雅鱼宴、茶韵全席、土司宴、古道风情宴、茶鱼宴、贡椒宴、同和山珍宴、熊猫竹宴、姜城姜公宴等。

（二）特色烹饪

雅安菜隶属于川菜派系，讲究色、香、味、形、器，在烹饪方法上现仍流行的有炒、煎、烧、炸、腌、卤、熏、泡、蒸、溜、煨、煮、炖、焖、卷、淖、爆、炝、煸、烩、拌等30余种，精细到不同做法的多达60余种。雅安菜做菜讲究刀工、火候，千变万化，是川菜中较有地方特色、融合不同时期外来文化、结合当地口味的一种地方味道。

小炒 雅菜烹制中运用最广的一种技法，具有烹制中小锅单炒，不过油，不换锅，现兑滋汁，急火短炒，一锅成菜的风格，多用于以经过刀工处理的动物为主原料烹制的菜肴。烹制时，原料码味、码芡，旺火，先用热油炒散，再加配料，然后烹滋汁迅速翻拨簸锅收汁亮油至熟。按此法烹成的菜肴，有散籽亮油、统汁统味、鲜嫩爽滑的特点，如肝腰合炒、鱼香肉丝等。

　　干煸 将经加工处理成丝、条状的原料放入锅中加热，翻拨，使之脱水、成熟、干香的方法，多用于纤维较长和结构紧密的干鱿鱼、牛肉、猪肉、鳝鱼，以及水分较少、质地鲜脆的冬笋、四季豆、黄豆芽、苦瓜等原料烹成的菜肴。烹制时，用中火，热油，将原料入锅不断翻拨，至锅中见油不见水时，加调辅料继续翻拨至干香而成。成菜有酥软干香的特点。

　　炝 调味原料在油脂的高温作用下，能挥发出的香气炝进主料，多用于质地脆嫩的植物性原料。炝有热炝和冷炝两种：热炝是将干辣椒、花椒入油锅炒出香味后，下原料同炒，使辣椒、花椒的香味炝入原料，再加其他调味品速炒而成，如炝莲白、炝绿豆芽；冷炝是将加工好的主料入盆，另将炝出香味的调料倒入，再加盖焖起，使香味渗入主料，如炝黄瓜。

　　干烧 是一种使汤汁浓缩，各种调味料全部渗入原料内部或黏附原料上的烹制方法。见油不见汁是技法到位的标志，适用于鹿筋、鱼翅、鱼等原料。烹制时，需用中小火慢烧，自然收汁，少翻动，忌用芡，使用火候的疾徐要与原料致熟程度相吻合，避免汤汁焦煳和粘锅。成菜有油亮味浓的特点，多用于烹制豆腐、鲜鱼类菜肴。烹制时，火要小，汤要少，慢慢地烧（烧时，汤表面不断地冒大气泡，并有咕嘟咕嘟的声音），直至原料本身水分排出、调味品渗入后，汁干起锅。成菜质地细嫩、鲜香入味，形体完整，如干烧雅鱼、干烧臊子鲫鱼等。

　　炸收 其过程是把经过高油温炸制的半成品入锅加调料、鲜汤，用中火或小火慢烧，使之汁干亮油、回软入味而成菜。此法的特点是：原料一经油炸，水分大减，外酥内嫩，再加汤汁调味收汁，则菜品酥松而有润气回软，干香而滋润，化渣利口，不顶牙，为佐酒上品。炸收可烹制各类肉品和豆制品，以选质地细嫩无筋者为好，如陈皮兔丁、糖醋排骨、芝麻肉丝等。

拌　冷菜常用的一种烹调方法，是将经过加工处理成丝、丁、片、块、条形的生料或熟料加调料拌匀使其入味的一种方法。在拌制前，原料一般都有一个腌渍或加热至熟的程序，然后拌以味汁。拌菜的特点是色泽美观，巴味入味。该法又分拌、淋、蘸三种。拌，多用于不需拼摆造型的菜肴，要求现吃现拌，以免影响菜的色、味、质、形，如麻辣兔丁、红油三丝、怪味鸡块等；淋，多用于筵席冷碟，临开席时才淋味汁，由客人拌匀取食，如椒麻鸡片、芥末鸭掌、蒜泥白肉等，这种方法的好处，一是可以体现冷碟的刀工装盘技术，二是可以保证成菜的色、味、质、形；蘸，多用于一菜多味的菜肴，如双吃鸡片、麻酱凤尾等。

泡　系采用泡菜水将原料炮制入味出香后成菜的一种方法，多用于质地鲜脆的蔬菜和部分水果，成菜有原色不变、质地鲜脆、酸咸爽口的特点，如泡豇豆、泡青豆、泡甜椒、泡仔姜、泡红辣椒、泡蒜薹、泡青菜、泡青笋、泡李子、泡苹果等。泡菜的时间可长可短，久泡的关键在于盐水的管理，短泡一般隔天即可食用。另外，还有其他的泡法：一是将原料放入由冷开水、盐、红糖等制成的溶液中浸泡使熟；成菜颜色棕黄，质地鲜脆，味道甜咸，如泡甜仔姜、泡甜薤头、泡甜蒜、泡甜蒜薹等；二是溶液用冷开水、盐、白糖、果酸（如柠檬酸）或白醋等调成；三是在常规泡菜水中炮制已余熟的动物原料，成菜质脆，味咸鲜酸辣，如泡凤爪、泡胗肝。

炖　是指把食物原料加入汤水及调味品，先用旺火烧沸，然后转成中小火，长时间烧煮的烹调方法。炖是一种健康的烹调方式，温度不超过100℃，可最大限度保存食材的各种营养素，又不会使食材因为加热过度而产生有害物质。炖菜时盖好锅盖，与氧气相对隔绝，抗氧化物质也能得以保留。经长时间小火炖煮，肉菜变得非常软烂，容易消化吸收，适合老人、孩子和胃肠功能不好的人群。小火慢炖让食材非常入味，味道可口。一锅炖菜里往往有四五种食材，营养多样，属火功菜技法，如山药炖鸡、砂锅天麻土鸡汤、羊肉汤等。

烧烤　将肉及肉制品置于木炭或电加热装置中烤制的方法。一般来说，烧烤是在火上将食物（肉类、海鲜、蔬菜）烤熟，烹调至可食用，如石棉烧烤。石棉烧烤还根据烧烤方式，分为串串烧烤、铁板烧烤、铁网烧烤、锅盖烧烤等。

第二篇

雨城味道

YU CHENG

淡雅鲜香

2000 年，雅安撤地设市，原雅安地区改为雅安市；原雅安县改为雨城区，为雅安市政府驻地。

"三雅文化"是雨城区的一张精美名片，缥缥缈缈的雅雨，如烟似雾；温温润润的雅女，婀娜多姿；精灵细嫩的雅鱼，味美汤鲜。在雅女的陪同下，于蒙蒙细雨中，寻味雅鱼，自是浪漫又实在的。

除了雅鱼，你还可以体味九大碗的乡愁，年猪菜的丰盛，藏茶火锅的醇厚，各色酱卤的浓郁，当然也有雨城小面的鲜香辣爽，等等，这些组成了雨城美食抹不掉的印记。

饱了口欲之福，游走雨城，你可以在市区感受雅州廊桥的辉煌灯火，欣赏青衣江的平羌月影，去碧峰峡观赏峡谷的幽静和熊猫的萌宠，也可到上里古镇追寻一段久远的历史、体味乡村的静谧，还可以泡一泡周公山温泉，洗却尘世的烦忧和心灵的负累。

走进城区沙溪村，新石器时期的遗址是值得我们驻足的。早在新石器时期，先民已在此繁衍生息，开启了农耕生活。雨城区古属"梁州""青衣羌国"。秦汉时期属严道、青衣、汉嘉郡。西魏废帝二年（公元553年）置始阳县，为雅安建县之始，为蒙山郡治所。

雨城区位于四川盆地西缘，成都平原向青藏高原过渡带，因"西蜀天漏"而得名，素有"川西咽喉""西藏门户""民族走廊"之称，是川藏茶马古道的起始地，曾为西康省省会驻地。2000 年，雅安地区撤地设市，原雅安县改设为区，称为雨城区，为雅安市政治、经济、文化中心。

1008年，老雅安政治、文化、经济中心正式"定居"于此，明洪武四年（公元1371年），此处修筑城墙，雅安有了比较正规的城市格局。城市的形成，促进了雨城区餐饮业的

发展繁荣。唐宋时期，雅鱼已经成为雨城美食上品，明代雅州知府时亿，也曾于此宴请才子杨升庵品尝雅鱼。民间美食腊肉、香肠、水粑子、油淋鸭子、九大碗一直传承至今。民国至新中国成立前夕，雨城区是西康省政治、经济、文化中心和驻军重地，西康味道在这里烙下了深深的印记。

近年来，区委、区政府积极促进餐饮业发展，以讲好雅鱼故事为主轴，培育雨城特色餐饮品牌，把品牌优势转化为餐饮产业优势、美食经济优势。同时，区委、区政府秉持"熊猫文化＋文旅景观＋消费场景"融合的理念，全力营造美食经济、夜间经济示范街区，或新建或提档升级或改建扩建了绿洲路美食街、协和广场欧式风情街、三雅园雅安之夜美食广场、水中坝熊猫天街、万达广场美食区、正黄美食街、熊猫主题夜市等特色主题美食街区，促进了新老城区的美食圈连片发展，满足了雨城群众和过往客商美食消费需求。

砂锅雅鱼配料及制作好的砂锅雅鱼

雅鱼

可以说，雅鱼是雨城雅安最名贵的冷水鱼，质嫩味鲜。

相传女娲补天功成于雅安，不慎将宝剑落入周公河，遂幻化成雅鱼。雅安望鱼古镇的老奶奶说，雅鱼是女娲娘娘的幺女仔（儿），是瓦屋山雪水化育的仙剑精灵，鱼头内衔宝剑，剑柄、剑刃、剑锋栩栩如生，那是女娲娘娘给幺女仔儿佩的尚方宝剑。所以雅安人食用雅鱼，喜将雅鱼头骨打开，取出宝剑珍藏，这宝剑也成为辨识雅鱼真伪的标志。

雅安民间还流传有慈禧太后吃雅鱼封官的故事。当年在慈禧宫，各地官员进贡的食品千千万万，能被慈禧太后吃到的算是幸运之极。据说当时的雅州府送了很多次雅鱼，但都没有机会端上慈禧的餐桌。直到有一年初春，雅州府官员带着雅鱼和厨师亲临京城，花去些银两打通关节，慈禧才吃上了雅鱼。在细嚼慢咽中品出别具一格的风味后，慈禧连连称赞雅鱼肉质鲜嫩，味美无穷，堪比"龙凤之肉"！

雅鱼又名嘉鱼，学名隐鳞裂腹鱼，是五大"中华奇珍鱼"之一，古称炳（丙）穴鱼，因其孕育于"周公河源头段炳灵河鱼穴"而得名（嘉庆《洪雅县志》载），为雅安老八景"丙穴甲鱼通地脉"所指。《雅安县志》录有："孔坪柏香村有丙穴洞"的条目。《雅安县志》记载："丙穴鱼，亦称嘉鱼、丙穴嘉鱼，形似鲤而鳞细如鳟，出在汉嘉水，雅安城外乡民多捕鱼为业。"

雅鱼有重口、齐口之分，有如人眼分单双眼皮，其头部呈锥形，嘴巴似马蹄状，厚嘴唇，裂腹红尾，体形似鲤，鳞细如鳟，润滑酥手，肉质细嫩，口感爽滑。雅鱼作为美食端上餐桌，历来为文人雅士、官家布衣所赞誉喜爱，这在古诗和文献中多有记载。宋代成都知州宋祁《益部方物略记》中述"鱼出石穴中。今雅州亦有之，蜀人甚珍其味。"宋祁诗云："二丙之穴，阙产嘉鱼。鲤质鳟鳞，为味珍硕。"唐杜甫盛赞："鱼知丙穴由来美，酒忆郫筒不用酤。"陆游《思蜀》中"玉食峨嵋栭，金眉丙穴鱼。"为我们留下了"金齑丙穴鱼"这道名菜。据载，"金齑"即是用金橙切成细丝和酱而成的调味品，

干老四贡椒雅鱼

"金齑丙穴鱼"在唐宋时已是四川的一道上等美食。明代才子杨升庵也有诗赞："南有嘉鱼，出于丙穴。黄河味鱼，嘉味相颉。最宜为鲢，鬲以蕉叶。不尔脂腹，将滴火灭。"杨升庵此时吃的雅鱼，似是用蕉叶包着再用火烤制而成，似是今天的烧烤雅鱼了。清代初年，陈聂恒曾谈到巴蜀地区称这种鱼为细鳞鱼，认为味道可以与熊掌并称。

新鲜出锅的雅鱼汤

  1938年，国民政府考试院长戴季陶代表中央政府到甘孜向九世班禅大师灵柩致祭，流连雅安期间，西康王刘文辉在张家山公馆设宴款待，特邀雅安名厨吴尚全主厨，镇席菜品即为砂锅雅鱼。雅鱼饭店为雅安经营雅鱼的百年老店。民国时期，陈炳章在热闹的人民路口开设炳章饭店，扛鼎菜即为砂锅雅鱼。1956年，公私合营，雅安市饮食公司在炳章饭店的基础上，原址开设雅鱼饭店，后吴尚全调入主厨。目前雅鱼名厨大多是吴尚全、陈炳章两位民国大厨的徒子徒孙。

  1951年，雅安修筑康藏公路，西南交通部为方便参加公路建设人员食宿而建西南

砂锅雅鱼制作时需放入近30种配料，营养丰富，汤鲜味美

交通旅行社，从成都和重庆等地抽调名师、高手主厨，并供应特制的"砂锅雅鱼""雅鱼全席"，砂锅雅鱼的烹制不断与时俱进。

作为中国优秀旅游城市，雨城餐馆名店多有各式雅鱼菜品敬献尊贵的客人。雨都饭店、蜀天星月宾馆（原倍特星月宾馆）、智选假日酒店（原雅州宾馆）等主要大酒店，城区干老四雅鱼饭店，城郊小桥流水、土砂锅生态山庄等中等餐馆和农家乡村饭庄，均烹制雅鱼系列菜品。

用荥经砂锅烹制的"砂锅雅鱼""雅鱼全席"被誉为雅安名菜、川菜上品。据《雅

家常雅鱼

酥皮雅鱼卷

百花雅鱼

菊花雅鱼

州通览》《地名与名胜》资料记载，20世纪80年代以前的传统经典雅鱼全席菜谱包括：

冷菜 茄汁鱼柳、陈皮鱼丁、烟熏鱼块、软炸香菇、珊瑚雪卷、家常干笋

彩盘 金鱼闹莲

热菜 海鲜砂锅鱼、空心酥鱼球、鱼元镶蹄燕、鱼羹烩葵菜、金毛狮子鱼、鱼茸烩珍珠、旱蒸脑花鱼、芙蓉鱼片汤、菠萝银耳羹

小吃 川味鱼馅饺、鲜菜烧麦、三鲜挞挞面、珍珠元子

随饭菜 玫瑰仔姜、素炒豆尖包、红油办黄丝、跳水胭脂

水果双上 汉源鸭梨、雅州蜜桔

豆瓣雅鱼

上图：葱烧雅鱼　下图：雅鱼圆子

从烹饪技法上来说，砂锅雅鱼为咸鲜味型，和麻辣、酸辣、泡椒、红油等其他川菜味型差异明显，用料极为讲究，烹饪精工耗时。

据四川省烹饪协会副会长陈云龙老先生介绍，砂锅雅鱼是我国较早的由官方公布行业标准的名菜品。1984年，由雅安地区商业局、雅安地区蔬菜水产饮食服务分公司牵头，西南交通饭店、健康饭店、雅鱼饭店、雅安教学餐厅、雅安宾馆、雅州宾馆等餐饮企业积极参与，吴翔龙、尹旭文、陈云龙、温志清、李国富、代万森、李诚、郭兴智、梁明、张建蓉等雅安名厨大咖参加，历时两年，反复实践讨论修订而成的行业标准经四川省雅安地区质量技术监督局批准公布。

结合新派川菜技法，雅鱼菜品也不断推陈出新。2005年，四川省第3届旅游发展大会在雅安举办，有厨师创新推出了雅鱼全席，18 道菜肴轰动一时。如今，雅鱼全席已发展到 20 多道菜肴。2018 年，"中国菜"正式发布，"砂锅雅鱼"被评为"中国菜"四川十大经典名菜。

2016 年，雨城区收集整理雅鱼的烹饪技法，按照雅安餐饮行业团体标准，制定了全套 12 个部分的雅鱼菜标准体系，分别为砂锅雅鱼、清蒸雅鱼、干烧雅鱼、石烤雅鱼、豆瓣雅鱼、开胃鱼皮、菊花雅鱼、香辣雅鱼、百花雅鱼、五香雅鱼、酥皮雅鱼卷、玉匣七彩鱼丁，对每个菜品的原辅材料、烹饪器具、烹制方法、质量要求等都进行了规范。

砂锅雅鱼是传统名菜，有肉多、质嫩的特点，为川中鱼鲜烹饪原料上乘菜品。入席后，砂锅内仍保持沸腾，鲜香四溢，鱼嫩汤鲜。其烹饪技法考究，烹制过程更是决定品质的诀窍，一是高汤品质，二是鱼和辅料比例，三是熬制火候。主料为鲜活雅鱼一尾，辅料为猪肚条（25 克）、猪舌条（25 克）、猪心条（25 克）、鲜肉丸子（40 克）、土鸡块（50 克）、水发蹄筋（25 克）、水发鱿鱼（或海参）（80 克）、水发金钩（25 克）、竹荪（30 克）、鲜笋（80 克）、蘑菇类（200 克）、豆腐块（100 克），调味品为猪油（50 克）、姜片（6 克）、葱段（15 克）、盐（5 克左右）、胡椒、味精适量。

雅鱼中有 18 种氨基酸，富含人体所需的多种矿物质和微量元素、维生素。

据雅安名厨陈云龙、周书楼介绍，烹制砂锅雅鱼，高汤是关键。高汤又叫奶汤。标准奶汤制作，需大锅烧泉水，放入老母鸡一只、老母鸭一只、猪膀一个、春破棒子骨数根、火腿少量，适度放盐，先猛火，再文火，需熬煮大半天。简洁版的方法，则只用棒子骨、鸡颈骨熬制，最后放入氽水猪肚提白、水发虾米提香，再文火熬制两小时，高汤方成。同时，将不刮甲、不洗肚的新杀雅鱼一尾（1 斤多），涂少许料酒，抹盐花，去腥后洗净沥干。将砂锅洗净，依次放入金钩、姜片、葱段、香菇、兰片（楠竹笋）、肚条、心片、舌片、鸡块、水发蹄筋，渗入奶汤，烧开后去浮泡，放入鲜肉圆子、豆腐，待圆子熟后调味，放盐，再放入雅鱼，待鱼熟后补味，放味精、胡椒，放入水发鱿鱼（或水发海参），放入前将汤加热，端锅后放化猪油或化鸡油增香。一锅营养丰沛、色香味俱佳的砂锅雅鱼遂成。

什锦鱼片

鲜熘鱼丝

清汤鱼圆

麻辣鱼条

瓦块脆皮鱼

五香熏鱼

干烧雅鱼

清蒸雅鱼

年猪菜

雅安地区，历来都有杀年猪请客的习俗，雨城区也不落俗套，而且更加丰盛，尤其是 2005 年以来，区委、区政府"做东"，年年在上里古镇举办年猪节，"宴请"八方宾客，成为古镇旅游的一大民俗活动。

颇具雨城风俗的年猪节一向热闹，首先需给宰杀并熄去猪毛的猪身上，戴上大红花，等年猪被放上滑竿后，上午 10:30，鸣锣开道，八人分别抬着两头年猪前往祭祀现场。祭祀过程传统，上香、读祝文、奉猪头、辞神叩拜等步骤有条不紊，穿插的鸣锣击鼓、弦乐伴奏，为祭礼增添热烈气氛，"年猪祭祀""年猪巡游""杀年猪、喝旺汤""评比年猪王"等系列活动依次进行。

雨城年猪菜

现代九大碗菜品

每逢红白喜事，成百上千人聚在一处，有的分散坐于一张张八仙桌前，伸箸畅食；有的站在旁边围观或者找位置坐下闲聊，等待下一轮宴席。院坝的边缘，临时垒起的土灶上叠着高高的蒸笼，热气腾腾，简易的案板上堆满了菜肴、餐具。厨师舞动锅铲或菜刀，配好每一道菜。杂工则端着条盘，穿梭在每一张八仙桌，把一碗碗菜像流水一样端上桌子，时不时还冒出这么一句"油水来喽"，提醒走动的客人不要撞到条盘，打翻了菜肴。主人家要不停地招呼客人，每一张桌子都要走到表达心意。

九大碗一般多用猪、鸡、鸭、鱼和自产的蔬菜瓜果为原料，烹制成丰盛而朴素实惠的菜肴，上席的菜肴以蒸扣为主，习惯称为"三蒸九扣"或"九碗菜"。雅安各县区九大碗菜品大同小异：汉源县的传统九大碗菜品有咸烧白、甜烧白、走油肉、姜汁肘子、粉蒸肉（排骨）、一品香碗、酥肉汤、海带汤、凉拌三丝，雨城区主要菜品有尖刀丸子、墩子肉、咸烧白、甜烧白、凉拌鸡、莴笋烧肚条、酥肉烧黄豆、乡村鱼、猪杂烧萝卜或海带、砂锅豆腐、卤鸭等。

随着经济社会的快速发展，农村家庭经济条件渐渐殷实，生活逐步富裕，九大碗也相应进行了扩容和变革，菜品更加丰盛多样，菜式也由九个发展到一二十个。

现今最著名的菜馆当数"姚记·九大碗"，位于雅安雨城区北郊乡（成雅高速碧峰峡出口），始建于20世纪90年代末，是集餐饮、住宿、娱乐为一体的大型乡村旅游度假中心。店内直径5米的八仙桌可供24人就餐，并配有大小不一的包间若干，婚宴堂席可同时摆设五六十桌，餐馆还自建有生态养殖场和绿色蔬菜基地。

上图：咸烧白　下图：一品香碗

姜汁肘子

尖刀丸子

墩子肉

炖酥肉

走油肉

凉拌三丝

甜烧白

粉蒸肉

酱卤菜品

　　酱菜、卤菜系列也是雅安的特色美食。各家将秘制酱料刷在鸡肉、猪肉、排骨上，风干保存，就制成了酱鸡、酱肉、酱排骨，吃起来别有风味。卤菜则要配制香料，制作卤汤，可以卤猪肉、牛肉、鸡肉、鸭子，也可以卤鸡蛋、花生、豆腐干和素菜等。走上雨城街头，各种酱、卤菜摊店，摆放出精心酱卤的菜品，方便居民随时食用。稍微高档的餐馆，会将他们的特制的酱卤作为主打菜，如阴酱鸡风味酒楼的酱鸡、酱排、卤豆腐。老兵老店的酱肉也比较有特色，上盘晶莹剔透、肥而不腻、酱香浓郁，在中国第二届餐饮博览会上评为中国名菜。据传，此传统技艺为西康省时期四川军阀刘文辉的随军大厨首创，现雨城区老兵老店总经理冯超军机缘巧合，曾与这大厨为邻，成为至交，故学得此技艺，老兵酱肉因此得名。

　　雨城酱卤菜品中，卤鸭子、油淋鸭子当是佳品。在以麻辣为主的四川，雨城油淋鸭子的甜味，反而成了独树一帜的招牌口味。雨城区草坝镇盛产鸭子，不论在市区街头，还是草坝镇上，谢鸭子、冯鸭子、杨鸭子，店名直截了当，从店里飘出的香味却吸引着食客的脚步。

　　关于谢鸭子，雅安流传着这样一则故事：改革开放初期，谢鸭子在雨城区草坝镇声名鹊起。当时，有一名姓谢的小伙子参军，在军营搞烹饪，用祖传秘籍烹饪鸭子，很受部队官兵的喜爱。所在部队将军品尝鸭子后，大为赞赏，并题字一幅，后来又有几位将军题字赞赏鼓励。小谢转业回家后，开起了餐馆，为餐馆取名"谢氏将府"，主打菜品为油淋鸭子。

阴酱鸡

卤豆腐

老兵酱肉

制作好的油淋鸭子

雨城酱卤菜品

　　油淋鸭子的制作过程非常考究，首先要将洗净的鸭子放入精心甄选配料熬制的卤水中进行炖煮，卤煮中的鸭子，尚未出炉，便已香气四溢。卤煮熟后的鸭肉有舒服的咸鲜香味；其次，用秘制的糖液均匀地涂抹在鸭子表皮，再用滚油一勺一勺地淋香，而不是炸香，所以才叫油淋鸭子。这样才能把鸭子的肉油完美锁在皮内，吃起来皮脆肉香，不肥不腻，咸甜适中，回味无穷。

　　有着"水禽大镇"之称的草坝镇，其盛产的鸭子，除了能食用外，还催生了鸭产业。鸭产业在这里被细分成种鸭、孵抱、养殖、禽病防治、饲料销售、宰杀、食品加工、羽绒加工、羽绒制品加工九大环节，仅羽绒服的年产值就达到上亿元，除了没有冬天的海南，其他省份都分布有草坝的羽绒服加工大军。"时时闻鸭鸣，处处见鸭绒"，是草坝比较熟悉的生活场景。草坝镇有羽绒加工一条街，聚集着羽绒服、羽绒被、布匹、拉链、纽扣等各种相关产品，已经形成了较成熟的产业，其产品价格实惠，周边的乐山、眉山的民众，都会到草坝来买羽绒服（被）。

雨城小吃

　　雅安传统名小吃种类繁多，而且都是老字号，尤其是小面更具特色。从面食品来说，有挞挞面、水面、烩面，这三种面根据不同的浇头又分为三鲜面、牛肉面、排骨面、大肉面、炖鸡面、炸酱面、鸡杂面、海鲜面、西红柿鸡蛋面，等等。

　　挞挞面应该是从荥经传入的，最负盛名的有兰师傅挞挞面、一把火挞挞面、刘老二挞挞面。挞挞面还有红烧牛肉面、大肉面、排骨面、菌圆面、素椒牛肉面，等等。最经典的浇头是三鲜面，三鲜浇头是用五花肉、烟熏干笋、香菇、海带熬制而成的，烟熏干笋是三鲜面的精华。

　　雨城小面中最广泛的是水面，俗称"水叶子"，就是刚做好的新鲜湿面条。这种面条不能过夜，会"走碱"，就不好吃了，所以每家小面馆都会根据自家店每日的销售量从面厂定制，每天一大早再由面厂送到店铺里。雨城的水面因为独特的水质，做

大肉面

鸡杂面

雨城小吃康辉烩面

雨城小吃又一邨炖鸡面

出的面条Q弹爽口，麦香淡雅，按照浇头，又有红烧牛肉面、原汤牛肉面、素椒牛肉面、三鲜面、炖鸡面、大肉面、炸酱面、臊子面、鸡杂面、酸菜豇豆面等。

雨城面馆林立，有口碑的如永平面、一家春、欣欣小吃、彭爷爷老面馆、张干捞、杨记家常面、回味轩、知味面馆、钟幺妹、老字号面馆，等等，每家都有自己的绝活，都有那碗属于自己的镇店之面。

欣欣小吃独特的是一元钱一碗的鸡汤，汤清味鲜，吃一碗醇厚香辣的牛肉面，再喝一小碗清淡鲜美的鸡汤，肠胃在经历了浓汤厚味的洗礼后，再用清淡鲜美的鸡汤安抚过去，真是一种熨帖的享受。

杨记家常面，真的只是一碗家常面。他家只卖臊子面和牛肉面，而以臊子面最出名。猪肉臊子和熟油辣椒都采用上好的原料，用传统手工方法制作。金黄色的臊子藏在煮熟的面条下，红油辣椒红红亮亮，香气扑鼻，端起来，就是当年"妈妈的味道"。

康辉烩面在雨城独一家，是开了几十年的老店。烩面其实不是我们川人常吃的面条，而是面团拉成的薄面片，是河南人的吃法。雨城这家烩面馆将河南烩面雨城化，用雨城的水和面，借鉴雨城小面浇头的制作方法来制作烩面的汤头，其汤头一律不加辣椒，以清淡鲜香为主。一般有海味烩面、三鲜烩面、酥肉烩面、番茄烩面、杂酱烩面、煎蛋烩面，面片爽滑劲道，汤头味道鲜美，尤以三鲜和海味为佳。

甜水面制作

甜水面

　　雨城小面里更独特的一种当属甜水面了。甜水面面条粗壮，每根有筷子粗，韧劲十足。甜水面必须是手工揉面、醒发面节子，后手工搓成圆条状，下锅煮至面条表面光滑且内部没有白芯，加入冷水冷却后捞出，倒入大盘，均匀撒上面条专用油，再用风扇吹冷待用。吃的时候，需浇上用芽菜、花生碎、甜水面汁、熟油辣椒、芝麻油调配好的料汁拌匀。甜水面其实是一道冷面，面条柔韧、劲道、弹牙，很有嚼劲，拌上秘制的料汁，色泽鲜艳，味道甜中带辣、辣中带麻、麻中带香，夏天吃来尤其爽。雨城区人吃甜水面通常去永平面馆和吉庆小吃。吉庆小吃也是一家40年老店，其制作技艺已传承了几代，被列入非物质文化遗产名录。老店不仅甜水面做得好，凉粉、凉面、春卷也很好吃，还有传统小吃三合泥，几平方米的小店常常挤满了人，外面还排着队。

顺河红汤抄手

顺河抄手名小吃红糖糍粑

顺河清汤抄手

双椒臭豆腐

凉粉

春卷

蛋烘糕

青衣江边，顺河抄手、伍抄手、雅平抄手，很有名气。顺河抄手，肉馅鲜美，汤汁麻辣浓香，有一批忠实的食客；雅平抄手，皮薄肉嫩，鲜辣香滑，香辣不燥，是往常家里的味道。

冰粉凉糕是炎炎夏日祛暑消热的小吃。石记冰粉店的冰粉用冰粉籽手工制作，加上红糖汁、柠檬汁、橙汁等调制成不同口味。老城区店铺外的梧桐树下常常是食客重重。这两年随着城市中心日渐移至新城区，石记冰粉在正黄广场开了新店，冰粉的种类也花样繁多，有传统冰粉、花生冰粉、醪糟冰粉、糍粑冰粉、水果冰粉、鲜玫瑰冰粉、豪华冰粉，等等，同时配有凉糕、凉面、甜水面。

姜锅盔是一家百年老店，店内的锅盔和焦饼都是全手工制作，有粉蒸牛肉锅盔、粉蒸五花肉锅盔、红糖锅盔、凉菜锅盔、白面锅盔、椒盐酥锅盔、牛肉焦饼、猪肉焦饼，酥脆化渣，肉香浓郁。

雨城传统的小吃还有麻辣烫、蛋烘糕、豆花粉、豆泡子、岩烟豆花、双双牛肉、蔡婆婆牛肉、孟获牛肉，等等，这些小吃藏于小巷，隐于市间，香飘千里。

第三篇

名山味道
MING SHAN

茶香氤氲

名山，是一因山而名的城，也是一座因茶而美的城。烟雨氤氲中，万山秀色归蒙顶，古寺禅机一杯茶。

西汉宣帝甘露年间，名山人吴理真在蒙顶山上开始种茶，蒙顶山由此成为我国有文字记载的人工种茶最早的地方。自唐至清，蒙顶名茶年年入贡，1200余年从无间断。

西魏废帝二年（公元553年）置蒙山郡，辖始阳、蒙山二县，为名山建县之始。593年，因蒙山久负盛名，蒙山县改为名山县，此后县名被一直沿用至今。2013年，名山撤县设区。

名山区属四川盆地盆周丘陵区县，地形地貌以台状丘陵和浅丘平坝为主，全区茶园面积达35.2万亩，是"中国绿茶第一县"。名山区地处成渝经济区、攀西经济区、川西北经济区的接合部和川西交通枢纽核心区，是接轨成都的"桥头堡"，也是链接攀西、沟通康藏的"中转站"。蒙山茶文化底蕴深厚，人文文化多元，川西民俗文化独具特色。

名山餐饮与茶密不可分，茶是贡茶，茶菜更是别具一格。如果到著名的茶山AAAA景区蒙顶山旅游，沿途的农家乐，可以让你在幽静的环境中品味茶菜的奥妙，尽享名山的美味。

除了茶菜，名山人还特别喜好羊肉汤锅。同时，由于名山区东临成都市蒲江县，南接眉山市丹棱县、洪雅县，西连雅安市雨城区，北壤邛崃市，所以其饮食受成都平原文化的影响很大，酸菜鱼、老鸭汤、哑巴兔、米花糖、冻粑等传统菜品和小吃遍布大街小巷。

名山茶园

蒙山茶宴

　　名山自古以来就有"仙茶故乡"之称，随处可见茶山、茶园等与茶有关的美景。时至今日，名山的茶文化再次得到演绎。茶，不仅可以用来泡水喝，还能用来做菜肴！以蒙顶山茶为原料的名山茶宴，一道道茶香扑鼻的美食，是名山不容错过的经典美食。

　　名山茶宴是在普通中餐的基础上，采用优质蒙顶山茶烹制而成的菜肴和主食。茶宴讲求精巧、口感清淡、老少咸宜，是讲究膳食营养的现代养生佳肴。位于蒙顶山景区及附近的上林苑、跃华茶庄、雅月生态食府等是名山茶宴的特色名店。这些特色名店，将茶、鱼融入了一日三餐，在传统餐饮文化和茶文化的基础上，又加以融合和创新，创造出了符合当代人尤其是年轻人口味的茶鱼宴菜品，形成了独特的风格和味道，体现了浓厚的地方文化特色。这些特色名店先后研究创新出了黄芽鸡丝、茶香鸭脯、绿茶腰果、鲜茶拌山珍、石花海鲜汇、甘露豆糕、茶香虾仁、飘雪排骨养身汤、残剑飞雪（雅鱼）、红茶功夫肉、茶香吊锅鹅、皇茶雅鱼豆花、鲜茶蛋卷、茶香脆皮肉、藏茶小火锅（配四蔬）、鲜茶山药炒木耳、茶韵砣子肉、蒙茶糯米鸭、香酥茶叶、皇茶酥饼、绿茶流沙饼、茶汁鸡豆花、茶酥雅鱼等上百个品种的菜品和茶点，口感与造型别具一格，吸引了一批又一批回头客。

名山茶宴的特点：一是精巧清淡，菜肴油而不腻、酥香爽口、茶香生津，如黄芽鸡丝、绿茶腰果、鲜茶拌山珍、石花海鲜汇、茶香虾仁等茶肴；二是绿色健康，在食材上选取了有机绿色食材，如茶香吊锅鹅、茶香鸭脯、飘雪排骨养身汤等，均是选用了当地土鸭、土鹅、土猪肉等健康食材；三是地域文化，雅月生态食府，将蒙顶山茶、雅鱼两大文化融合，创新出茶鱼宴，如残剑飞雪（雅鱼）这道茶肴，老少皆宜、营养丰富，深受大众喜爱。

茶宴全席

茶香虾仁　采用蒙顶山甘露冲泡的茶水与农家散养的土鸡蛋相结合创新的一道特色茶宴菜品，茶的清香和蛋清、虾仁的滑爽融为一体，老少皆宜，营养丰富。此菜品特选别具一格的茶盘、紫砂碗作为盛菜餐具，给食客不一样的用餐体验，受到广大食客的喜爱。

茶韵砣子肉　将猪五花肉煮熟剥皮，抹上糖色，炸成金黄，改刀切成 4 块方块肉备用，大锅加水，放入盐、生姜、大葱、味精、藏茶，再放入砣子肉炖 2 小时，配上阴豆瓣味碟即可，口味肥而不腻。

茶香虾仁

茶韵砣子肉

蒙茶糯米鸭

蒙茶糯米鸭　菜品制作时，将烤鸭去骨，糯米泡10小时沥干水蒸熟备用，将老茶叶放入三成油温的锅中炸10分钟，练出茶油后放入青豌豆、烤鸭颈肉丁、烤鸭腿肉丁、香菇丁、盐、味精、花椒粒，炒香备用，然后在去骨带皮的烤鸭里面，淋入全蛋豆浆铺上炒好的糯米，压紧，再上蒸笼蒸30分钟，取出放入八成油锅炸成金黄色改刀即可。

香酥茶叶　选用清明前的一芽一叶，裹入脆糯糊（脆糯糊比例：面粉200克、生粉50克、糯米粉10克、泡打粉6克、鸡蛋1个、山奈面5克、八角面5克、盐2克，下入三成油温的锅中炸定型起锅，再放入八成油温炸酥脆。

皇茶雅鱼豆花　皇茶雅鱼豆花，源于四川名菜仔鸡豆花。川菜的仔鸡豆花是一道功夫菜，成菜后色泽洁白，呈现豆花状，口感细腻，汤色清澈，味清淡而厚重。皇茶雅鱼豆花，在传统基础上加入了世界名茶蒙顶黄芽，再与清朝进贡皇宫的雅鱼相结合，使这道菜更具有历史渊源和文化内涵。

香酥茶叶

红茶功夫肉

左图：千佛菌炖鸡
右图：千佛菌炒腊肉

　　红茶工夫肉　此菜在传统红烧肉的烹饪方法上，加上红茶烹制，使之成菜后色泽红润、软而不烂、肥而不腻、茶香味浓厚、回味悠长。

　　茶宴之外，名山千佛菌也是蒙顶山的美食珍品，是一种名贵的食药两用菌。它的外观形如莲花，香味浓郁、肉质柔嫩、味如鸡丝、脆似玉兰，富含人体必需的铜、铁、锌、钙、硒等微量元素和多种维生素，属川产名贵菌种。蒙顶山景区农家乐用千佛菌烹制的菜肴，如千佛菌炖鸡、千佛菌炒腊肉等菜品，很受游客喜欢。

名山碗碗羊肉

名山羊肉汤

　　据史料记载，名山碗碗羊肉最早的发源地是名山区新店镇。北宋熙宁年间，经略安抚使王韶在甘肃临洮一带作战，需要大量战马，于是朝廷派李杞入川，在今雅安市名山区新店镇设立"茶马司"，专司以茶易马的职能。起初"茶马司"的主要职能是以茶换取战马，后来逐渐发展为边区少数民族用马匹换取他们日常生活必需品的场所，有时每日接待各民族茶马贸易通商队伍人数竟达 2000 多人。通商队伍中的少数民族，喜食牛肉、羊肉，但是牛是当时重要的农耕工具，他们只能吃羊肉，因此对羊的需求量很大。

名山清汤羊肉汤

红汤羊肉

名山属亚热带季风性湿润气候，牧草生长茂盛，且蒙顶山、总岗山、徐家沟等地方非常适合羊的繁殖和生长，养殖羊的产业就从那个时候开始一直发展至今。

最早的名山羊肉，做法单一，商人在茶马司周围，用一口大铁锅，把羊肉宰成一块块炖，当时没有其他调味品，只能加点盐炖，熟了用手拿着啃食，做法类似现在西北的手抓羊肉。

后来，汉藏习俗相互影响，人们开始慢慢尝试羊肉的各种做法。汉族同胞在炖羊肉的时候，放上去膻味的花椒、干辣椒、盐、生姜等调料，汤鲜味美的名山羊肉汤开始有了雏形。

再后来，羊肉吃得更讲究了。20世纪70年代开始，名山人将羊的骨头和肉分开炖，羊肉切片加汤，烫点蔬菜，装碗上桌，汤白味美，再配上红色小米辣椒、青辣椒、干辣椒泡水、豆腐乳、香菜、小葱、盐、味精调和的酸辣椒味碟，羊肉的味道就更加多样了。

如今，羊肉汤店铺遍布名山，更出现了红汤羊肉、清汤羊肉、炒羊肉、羊肉香肠、炒羊肝、凉拌羊肚、羊肉火锅等花式吃法，白味锅盔则是羊肉汤的绝配。小碗盛装的碗碗羊肉，已经成为名山人的日常早餐，特别是冬天，吃上一碗，暖胃又暖身。

地道的名山羊肉汤，熬制方法十分讲究，必须选用上好的羊肉、羊骨，入锅前肉需反复漂洗以除去血污、减少膻味，将水烧至沸腾后放入羊肉和羊骨，大火煮熟后捞出羊肉，再继续用小火熬羊骨，直至汤汁乳白，香气四溢……

名山清汤羊肉

碗碗羊肉

凉拌羊肚　　　　　　　　　　　　炒羊肝

羊肉香肠

羊肉干

烧烤羊排

五香羊健

羊血旺

烤羊肉串

名山首届羊肉汤节（2019年）

飘香鹅兔

烧鸭、烧鹅、烧兔、哑巴兔、兔子火锅，也是名山的代表性菜品，广受欢迎。

老鸭汤　选用农户散养的麻鸭、白鸭，经过多道工序后，放入砂锅大火烧开后小火慢炖，再放入秘制酸萝卜，炖 2 小时。老鸭汤汤味酸鲜、营养丰富、解腻开胃，是名山一道老少皆宜的美食。虎哥老鸭汤、农夫老鸭汤等是其中的代表名店。千佛菌炖老鸭汤，对鸭的要求更讲究，需用农村散养 3 年的老鸭，清炖后放入秘制酸萝卜和蒙顶山千佛菌再炖两小时左右，成汤更加鲜香。

老鸭汤

生态烧鹅

生态烧鹅　选用1年以上散养鹅，锅中加入自榨菜籽油，油热后，把鹅下锅煸炒至干香，放入秘制豆瓣酱，倒入啤酒、高汤烧入味，加入配菜。鹅肉性平味甘、益气补虚、和胃止渴，富含蛋白质、ＡＢ族维生素、多种氨基酸等微量元素。

烧鹅

哑巴兔

哑巴兔　传统做法的哑巴兔，兔肉滑嫩、香辣爽口，品尝时有种味蕾在口中爆炸的感觉。在名山，哑巴兔习惯吃法是一兔多吃，有酸甜可口的馋嘴兔、外酥里嫩的干煸兔、酸爽够劲的酸汤兔、幼嫩鲜香的仔姜兔……

兔火锅　选用生态兔，配以自制香辛料，现炒清油锅底，鲜嫩入味，肉香突出，汤可泡饭且久吃不上火。

仔姜兔火锅

酸菜鱼

名山酸菜鱼

名山酸菜鱼流行于 20 世纪 90 年代初，微辣不腻的酸菜鱼不仅在大大小小的餐馆占有其一席之地，还打出了独具名山风味的招牌。酸菜鱼肉质细嫩，汤酸香鲜美。在名山酸菜鱼菜品制作中，酸菜是整道菜的精髓，其酸味正、口感脆，一闻到就让人舌根生津，"酸菜鱼＋"的概念延展出的"酸菜鱼＋肥肠""酸菜鱼＋油渣"是特色吃法。

七椒鱼火锅

香辣虾

百丈湖小龙虾

　　主食材为名山百丈湖优质淡水湖小龙虾。鲜活的小龙虾去头去虾线，烧一锅热油，将小龙虾过油，留少许热油在锅里，将豆瓣酱、葱、姜、蒜、泡椒等下锅爆香，再放入汉源清溪产的上好花椒、干辣椒炒香，最后将过油的小龙虾下锅爆炒，兑适量的料酒翻炒入味，加入配菜翻炒 2 分钟起锅，一盘色香味俱佳的百丈湖小龙虾就做好了。小龙虾从处理到入锅的时间要尽可能短，以此来保证小龙虾的鲜香。

百丈湖小龙虾

皇茶酥饼

名山小吃

皇茶酥饼 起源于 20 世纪 30 年代的民间制饼世家"曾记品轩坊",其祖上制饼风味独特、工艺讲究,相传曾因将所制酥饼赠予经过雅安的红军而闻名当地。"曾记品轩坊"历经三代人传承至今,融合现代工艺,选用上乘的蒙顶山高山绿茶和大凉山无公害苦荞为原料,创新出不同口味的皇茶酥饼。皇茶酥饼皮薄馅亮、口感细腻酥香、生态低糖、老少皆宜,受到广大食客的喜爱,系列产品也成为人们馈赠亲友的首选佳品。

名山米花糖 选用优质的糯米，先后大致需要经过炒阴米、酥米花、捞米花、炒糖、炒米花、压米花等 6 个加工步骤，然后裹上芝麻花生，纯手工制作而成。

左图：名山米花糖
右图：冻粑

白味锅盔，
是羊网汤的标配小吃

第四篇

荥经味道

YING JING

古朴厚重

"神驰洛水吴山外，家在清风雅雨间"，这是一句关于荣经的楹联，齐白石以此刻有闲章一枚。这句楹联，也标注了荣经县的坐标位置。

荣经县处于雅安腹地，东北接雅安市雨城区，西南翻越大相岭泥巴山，连接汉源县清溪镇。雨城区雨多，清溪镇风大，荣经恰处"清风雅雨间"，这也是荣经人的一种诗意情怀。荣经县气候温和、四季分明、雨量充沛，优沃的地理和自然环境，催生了荣经丰饶的物产，荣经至今仍分布有近30万亩野生珙桐林。荣经天麻肥大坚实，质地优良，荣经因此成为全国四大天麻种植基地之一。荣经竹笋，也被列为全国农产品地理标志。丰饶的物产，为荣经饮食提供了丰富的食材。

荣经自古繁华，春秋战国之际，荣经县在岷山庄王管辖时代，是楚国从丽水地区运送黄金的转运站，后又成为蜀国的铜冶基地和铜器、牦牛、笮马贸易的中心。秦时置严道县，建有主城和子城，声名显赫，是不折不扣的边塞重镇、军事重镇、经济重镇和文化重镇。秦时，严道已开始养殖的黄牛到汉时农村已普遍喂养。荣经黄牛品质优良，役食两用，享有"牛中之王"的美誉，其肉嫩、色鲜、味香。严道经济作物十分丰富，种植有水稻、小麦等。据《太平御览》引《云南记》称："雅州荣经县土田岁输稻米亩五斛，其谷精好，每一斛谷近得米一斛，炊之甚香滑，微似糯味。"经济作物还有梅子、无花果等，严道开辟有橘园，设有"橘监""橘丞"等机构和官员，负责向京师长安输送水果和其他物产。

荣经砂器，作为民间较为普遍的烹饪器皿，其制陶工艺已有2000多年的悠久历史。荣经人用砂器烹制了丰富的美食，衍生至现代即黑砂宴，食鲜味美，其保鲜保质性能也是天然首选。

近1200℃的炉内正在烧制砂锅

　　在南方丝绸之路和茶马古道中，荥经是一个重要的节点。古道背夫和往来客商遗留在这条古道上的风味饮食，至今仍是荥经人舌尖上的最爱。而对荥经人来说，比较"年轻"的挞挞面、棒棒鸡，也以其朝气和独特的风味，受到荥经、雅安，甚至是省内外食客的热烈追捧。

　　近年来，荥经县结合旅游业和商业经济的发展，倾力打造美食经济、繁荣美食文化，以做好一个会客厅、写好一张好菜谱、办好一桌特色宴、打造一条美食街为抓手，集中形成了杨柳河特色美食街、财富中心特色小吃、尚品国际美食广场等美食街区，主打了"荥经棒棒鸡""荥经挞挞面"等美食品牌。在荥经县城的大街小巷，各种餐饮名店、小吃摊点琳琅满目。专营棒棒鸡的餐馆如文记棒棒鸡、周记棒棒鸡、杨老五棒棒鸡，专营挞挞面的餐馆有泡椒挞挞面馆、廖记挞挞面馆、杨胖子挞挞面馆、荥小妹挞挞面馆。邵饼子的椒盐饼子，则记录着茶马古道的风味。七星园酒店、合家兴土菜馆、舌缘餐厅、老百姓饭店、老特饭店、添一家饭店、瓦屋酒家、三兴源等，提供着各档美食和家常味道。喜爱烧烤的，则有石头烧烤、老院坝烧烤、姜院子烧烤、杨老五油炸烧烤、叶家湾烧烤、小明烧烤为人们服务。走入乡村山林，经河度假村、108招待社、元素、龙苍景园农家乐、水墨花溪养心谷、竹林休闲山庄、大相岭山庄，则提供的是食宿娱乐一体化服务。

荥经砂锅

黑砂宴

　　荥经砂器制作技艺是国家级非物质文化遗产。砂锅导热慢，透气性强，适合小火慢煮。锅内的食物和汤汁长时间地保持在微微沸腾的状态，能让食材中的蛋白质和微量元素慢慢溶解在汤汁中，并且保持食材形体完整。炖煮出来的食物扮相好、香味足，肉嫩汤鲜，别具风味。

　　荥经砂器在生活上是被广泛应用的，从饮食到起居用途多种多样。砂器品种包括砂锅、烘锅、水缸、炉具、药罐、节煤炉、蜂窝煤炉、火锅、茶壶茶具、电炉盘、禽畜食槽等，多达 30 余种。

古道黑砂宴

　　荥经人用黑砂烹制饮食有着悠久的历史。考古专家对严道古城遗址附近春秋战国墓葬和秦汉墓葬出土的砂器、陶器进行了研究，发现春秋战国时的陶器，其原料、配料、器型、制作工艺已具备了荥经砂器的主要特征；而秦汉时的陶器，其配料成分、比例、器型、制作工艺、烧制温度也均与今天的陶器高度一致了。至清代乾隆嘉庆年间，荥经的王氏砂器已声名远播，再到现在的非遗传承人如曾庆红、朱庆平等，他们的家族传承均在三代以上。民国时期，荥经就已有砂器烧制窑13座。

近年来，在县委、县政府发展美食经济的政策推动下，餐馆烹饪名家在广泛吸收民间深厚的黑砂制作菜肴的基础上，研究推广的黑砂宴，主要菜品多达 20 余种，如砂锅什锦三鲜汤、砂锅鱼、砂锅坨坨肉、砂锅豆腐等。

砂锅什锦三鲜汤 该菜品是荥经城乡宴请客人的主菜，烹制时将海参、鱿鱼、金钩、猪肚、干笋、干黄花菜放入砂锅中，加高汤、盐、胡椒，先用大火煮滚，再改小火炖煮，约 1 小时即可，起锅前 20 分钟左右，加入豆腐、肉圆子，炖好后整锅上桌食用。

砂锅腊膀 该菜品基于荥经人过春分炖猪蹄膀的民俗美食精制而成，取材于土猪腊膀，经过烧皮、浸泡、清洗，盛装在配了大白豆、海带的砂锅里，煮开后小火慢煨，是乡村慢生活的典范美食。

贡椒土匪鸡

火爆黄牛肉

砂锅什锦三鲜汤

竹笋坨坨肉

砂锅豆腐

荥经棒棒鸡

荥经棒棒鸡有 200 多年的历史，又叫椒麻鸡、凉拌鸡。

制作荥经棒棒鸡，须选用农家放养的上等优质土公鸡，尤数乌骨鸡为最佳，整鸡煮至八九分熟，然后放凉。切鸡是关键，一人掌锋利快刀，一人用木棒敲击刀背，切成的鸡片，皮肉不离、骨肉相连、刀刀见骨、薄如纸片、均衡一致。"棒棒鸡"由此得名。切好的鸡片与内脏等一起盛入盘、钵中，叠成梳面拱形，或复原"金凤卧巢"，

棒棒鸡制作

配上独特的调料，或盛于盘角，或淋洒鸡面，白里透红，红里飘香，诱人食欲。棒棒鸡品种包括椒麻鸡、青椒鸡、山珍鸡、口水鸡等。椒麻鸡麻辣鲜香，滋味十足；青椒鸡椒绿油红，麻香扑鼻；山珍鸡以笋干佐，肉香笋脆富有嚼劲；口水鸡入口清爽，令人垂涎。

在荥经的大街小巷，都能听到棒棒鸡的敲击声，闻到棒棒鸡的麻辣鲜香，售卖棒棒鸡的店铺方便着县城东西南北的居民，或现吃，或端一盘回家做主菜，或邮寄给远方的亲戚朋友。而往来荥经的游客，在品味过棒棒鸡的美味后，还不忘捎带馈赠亲友。近年来，荥经棒棒鸡也搭乘上电商的快车，飞向全国各地的餐桌。

周记祖传棒棒鸡是一家百年老店，其制作技艺被列入四川省非物质文化遗产名录，是"中国名菜""四川老字号"。周记祖传棒棒鸡（荥经人又叫"周鸡肉"），始创于晚清期。相传，银匠起家的周家老祖遭遇"绑肥猪"（土匪绑票），倾尽家产，但平素爱吃鸡肉的老祖，具有生意人特有的精明，为了生计，鼓捣起了钵钵鸡的小本买卖。他把鸡肉切成片，配好调料，装在陶钵钵里，或端着走街串巷，或到茶楼酒肆吆喝叫卖。

荥经棒棒鸡——金凤卧巢

棒棒鸡

荥经青椒棒棒鸡

钵钵鸡传至第三代，陶钵钵换成了大瓷盆，摆摊于荥经电影院处，跟随改革开放初期的大好形势，声名鹊起。

为了把鸡肉切得更薄，便于入味，也为了将有限的鸡肉多切几片，增加收益，周家创造了木棒击刀助力切鸡的刀工。此法既省力又快速，下刀干净利落，鸡片薄而成型。初见如此宰鸡的人大为讶异，戏称此菜为"棒棒鸡"。那些卖钵钵鸡的、做凉拌椒麻鸡的，纷纷效仿此法，"棒棒鸡"之名不胫而走。"周鸡肉"的第四代传人周仕英潜心钻研，跟随父亲学得了一手好手艺，掌握了其中精妙。待至改革开放中期，餐饮业繁荣，周仕英打起老字号招牌，在县城热闹的地段自立门店，取名"周记祖传棒棒鸡"，一时间生意奇火，声名远播。在周家的影响下，县城里经营"棒棒鸡"的门店如雨后春笋般出现，那些在周家拜过师、学过艺的，无师自通、自学成才的精明人士，纷纷打出自家字号，在调料里糅进自家特色，形成了各具风味的"棒棒鸡"。诸如文鸡肉、赵鸡肉，等等。周记祖传棒棒鸡及其弟子，则把棒棒鸡推广到了省内外，全国有分店 60 余家。

荥经挞挞面

挞挞面又名手工宽面,民国时期,荥经县城中的面馆多在上午经营手工制作的宽面,即挞挞面,为大众喜食。

挞挞面在荥经有 100 多年历史,其特点是手工制作,主要经过调、和、揉、挞等几道工序来完成,其中"挞"堪称一绝,故称"挞挞面"。新中国成立后,挞挞面成为县外名食,荥经本地多念此为"挞挞面"(dádámiàn)。

挞挞面对手工十分考究,大师傅会选用上好的面粉和好后搓成条,抹上清油放一段时间,做面时,一条为一碗。大师傅手艺高低在于一手面能挞多少条,越多手艺越高。制作时,师傅会将面条压成扁长条,双手边拉边挞,闪悠悠、颤巍巍。制作出味道正宗的挞挞面,还必须遵循一些"道儿上的秘方",也就是一些挞挞面老师傅口中的"用精面粉要新鲜,和面加水要看天,揉面有章法,挞面手法要自然"。就是说,除了面粉质地要好以外,和面时还要根据一年四季、晴天雨天、中午早晚等不同的气候和温度来决定加水多少及和面的软硬。揉面和挞面时,也必须按套路,揪剂子,出条子,抡、摔、叠、扣等动作要自然顺畅,一气呵成,方可拉扯摔挞出纯正的挞挞面条。

荥经挞挞面

挞挞面配以考究的佐料臊子，色、香、味俱全。调味臊子有很多种，酸菜肉臊面、炖鸡面、大肉面、红烧排骨面、红烧牛肉面，等等，都是食客们喜欢的口味。其中最具代表性的要数三鲜挞挞面。三鲜汤是用荥经土鸡汤、荥经炭炕山笋和康定青杠菌等文火熬制的一锅鲜美汤料。面条的劲道、熏笋的脆嫩、香菇的绵软、猪肉的软糯充满口中，再加上汤水特殊的香味，吃者尽兴、唇齿留香、味浸心肺。最有意思的是，竟然还有鸳鸯挞挞面，可让食客们同时吃上两种调味的挞挞面。

鸳鸯挞挞面

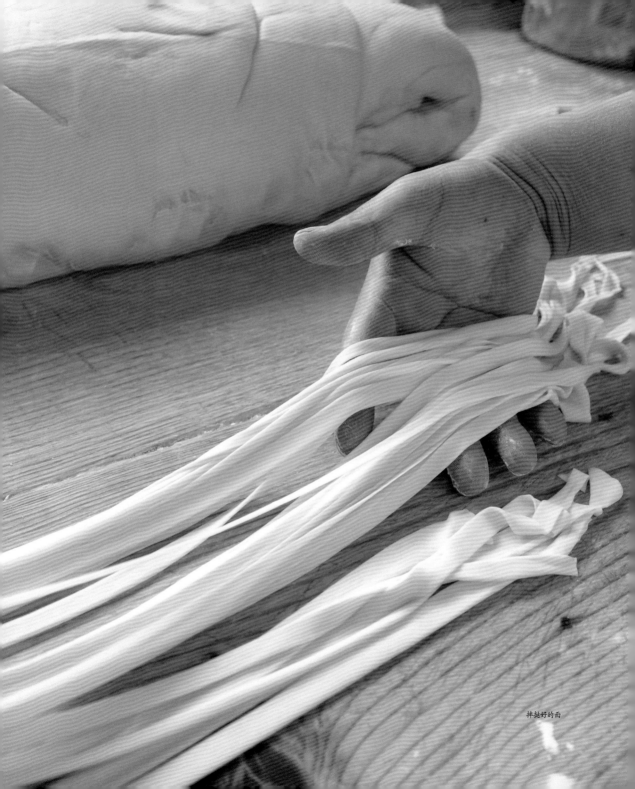

拌揉好的面

茶马古道风味

荣经锅盔 荣经锅盔也叫椒盐饼子，是荣经传统名食，乃酥锅盔的代表，俗称"千层酥"。香、脆、进口化渣是椒盐饼子的主要特色。椒盐饼子含油酥，但观之无油，触之不腻，食之有油，食之不腻，冷、热酥松柔顺，不碍齿。打制椒盐饼子，除常规用品和炉火外，须配备古城坪砂锅厂烧制的烘锅。制饼前，需按传统工艺起酵面、酥面和子母面。打制时，要按一定比例将酥面包入子母面内，经揣裹和反复杆、卷、摊，成圆形坯子，分批摊上锅烙，头面细烙，二面粗烙，再入烘锅烘烤，数分钟即成。

在众多椒盐饼子中，"邵饼子"最负盛名，店内特色除椒盐饼子外，还有混糖方酥、混糖圆酥饼，顾客喜食，且常作馈赠亲友的礼品。

荣经焦饼 焦饼是荣经有名的小吃，当地人叫"焦巴儿"，有一两厘米厚，直径大概 10 厘米，手感很沉。表层呈焦黄色，饼面一层芝麻，中间一层层的有几十层，夹杂着葱花馅料，焦饼外酥里嫩，喷香爽脆，回味无穷。

椒盐饼子

荣经焦饼

荥经豌豆凉粉 荥经凉粉选用山区纯天然豌豆为主料，经手工淘、泡、磨、滤、沉、滗、熬、炒、凉等传统工艺精制而成，不掺任何化学制剂，具有口感细腻香脆、清纯自然、回味悠长之特色。

香酥小河鱼 香酥小河鱼又叫海椒鱼，食材以当地溪河中特有的麻鱼子、红尾巴等小河鱼为主，佐以青椒制作而成。制作时，将锅烧热，保持微火，把剖好洗净的红尾巴和麻鱼子倒进锅里翻炒。小鱼富含胶质，容易巴锅，铲子要翻得勤，火力控制也很重要。在咣咣当当的锅铲交响声里，灰褐色的鱼儿慢慢变白，骨肉渐渐分离。铲子一会儿摁、一会儿翻，鱼肉慢慢变成金黄的碎末，连鱼骨头也被烤碎，碾压成渣。当鱼肉和骨头完全炒干酥碎时，再往锅里放油，下青椒末，不停翻炒，不一会儿，一盘香酥海椒鱼就出锅了。

荥经豌豆凉粉

香酥小河鱼

麻辣豆腐干

核桃拌韭菜

蒜香腊肉

天生桥（香辣排骨）

天生桥（香辣排骨）　天生桥是荥经县龙苍沟景区的著名景点，餐饮师傅受此桥启发，发明了此菜。

荥经龙苍沟天生桥

油焖娃娃鱼
娃娃鱼，又叫鲵鱼、大鲵。古代雅安一带食用娃娃鱼名气也较大，《蜀志》中有记载。2000年以来，荥经、雨城多对其进行人工养殖，娃娃鱼菜品食材均来自人工养殖。

油焖娃娃鱼

砂锅鱼

第五篇

汉源味道
HAN YUAN

麻味当先

花椒，被誉为川菜之魂，而汉源所产的花椒，是花椒中的上品，历来为贡品，故汉源花椒又被称为"贡椒"，又因汉源古为黎州，所以又叫"黎椒"。

汉源味道，理应麻味当先。

据传，汉武帝平定西南夷后，"夷人以红椒、马同汉人交换盐和布"，可见汉源花椒在汉武帝时期已进行人工栽培，并用于贸易，这也表明，汉源花椒已有2000多年的人工栽培历史。2000多年来，汉源人更是把花椒风味演绎得多姿多彩，鲜椒醮、贡椒鱼、花椒宴，从乡野民间到城市餐桌，从农夫俗子到文人雅士，饮食以麻为爽。

汉源历史悠久，旧石器时代的富林文化，表明汉源是一个非常适合人类居住的地方。汉源古名笮都，后置沈黎郡、黎州，历来为南方丝绸之路和茶马古道上的重要驿站，现今的108国道、京昆高速、成昆铁路穿境而过。悠久的历史和交通的便捷，给汉源带来的是客流和商气。此外，汉源在雅安县区中最多的人口优势，催生了汉源饮食的多元风味和地域特色。

汉源位于大渡河中游，为四川盆地与西藏高原之间的攀西河谷地带，地处横断山脉北段东缘，地形以山地为主。大渡河横穿东西，流沙河纵贯南北，形成了汉源四周高山环绕，中部河谷低平的地势。汉源县属亚热带季风性湿润气候，气候垂直变化大，冬暖夏凉、四季分明、光照充足，盛产水稻、小麦、玉米、红薯、土豆、花生等农作物。汉源贡椒、汉源金花梨、汉源黄果柑、汉源樱桃、汉源芸豆等农产品是国家地理标志产品。梨、苹、桃、李、樱桃、橘、橙、桂圆、葡萄、番茄、洋葱、蒜薹、大蒜、豌豆等丰富的水果蔬菜品类，成为汉源美食的重要食材。

2009年，瀑布沟水电站建成蓄水，在汉源县城形成了84平方公里的湖面水域，同时滋养了丰富的鱼类。自古大渡河、流沙河的鱼类就是汉源人餐桌上的美食。汉源人烹鱼技法多样，鱼味无穷。近几年来，国家实施长江禁渔，汉源人工养鱼的品类更丰富了，鱼味仍然无穷。

汉源花椒

黎风雅雨好花椒，到得成都制作高。
穿插成珠香串串，平安如意费心芳。
——（清）《成都竹枝词》

　　悠久的历史、灿烂的文化、丰富的物产，为汉源美食奠定了扎实的物质基础和深厚的文化底蕴，汉源坛坛肉、皇木腊肉，是传承千年的民间味道，还有贡椒鱼、黄牛肉、臭豆腐……鲜香麻辣的味道，飘散于县城、乡村。

　　近年来，汉源县结合建设"花椒第一县"产业发展目标，促进特色餐饮与商业贸易、文体旅游等融合发展，开展了美食嘉年华、贡椒烹饪大赛、"寻味汉源"美食烹饪技能大赛等地方性活动，大力弘扬汉源地方特色美食文化、挖掘汉源餐饮文化内涵、树立汉源美食文化品牌。此外还建设了县城滨湖湾区、雅西高速九襄连接线、九襄美食街等特色美食街区，打造了黄牛肉、贡椒宴、湖鱼宴三大特色餐饮品牌，贡椒鱼、黄牛肉、坛子肉、清溪盐菜、炸土豆、榨榨面等汉源地方美食，满足了汉源人和四方宾客的口腹之欲。

贡椒宴

贡椒宴

贡椒宴的主要调味料是汉源花椒，是汉源人把花椒发挥到极致的菜宴。

汉源花椒以其色泽丹红、粒大油重、芳香浓郁、醇麻爽口，畅销省内外，为川菜不可缺少的调味料。

汉源花椒主产于四川省大相岭泥巴山南麓，独特的气候生态环境孕育出汉源花椒的独特风味和优良品质。一直以来，汉源县高度重视花椒产业发展，着力做响特色品牌、做强花椒精深加工，构建了"公用品牌＋行业品牌＋企业品牌"的农产品品牌体系，汉源花椒荣获了中国驰名商标，远销日本、韩国等国家。截至 2020 年，汉源花椒种植面积达 15.44 万亩，鲜花椒年产量 1445 万斤，年产值约 4 亿元，综合产值 25 亿元，品牌价值 49.65 亿元。当地还开发了以花椒调味料为主的系列产品 50 余种，花椒加工年产值达 20 亿元。

贡椒鸡

　　不赏花椒之魅、不尝花椒之味，不算真正到了汉源。汉源人以花椒调味的各色菜品，赋予其优美的菜名，组合成的一桌桌宴席，被食客称为贡椒宴，代表菜品有贡椒鸡（花椒鸡）、青花椒凉拌鸡、贡椒鱼、椒麻跳水蛙、青花椒烧土鸡、椒汁蒸鱼、椒麻鱼片、怪味鸡丝、椒叶碧玉、香酥臭豆腐、酸菜豆豆米、炝炒高山莲花白、碧潭凝香、汉源湖醉虾、清溪盐菜、麻香豆泡菜、椒盐酥饼等，菜品风味多样、麻香四溢。

贡椒豆腐鱼

贡椒河鲜鱼

贡椒鱼

椒麻跳水蛙

凉拌椒麻乌骨鸡

椒叶玉酥（面椒叶）

麻辣臭豆腐

清溪活盐菜

汉源贡椒鱼火锅

　　贡椒宴中，比较火爆的当推贡椒鱼火锅。作为贡椒宴的招牌味道，其已发展到雅安、成都等四川各地。贡椒鱼火锅的特色在其汤，清香可口，可喝汤可泡饭。贡椒鱼火锅的汤料是汉源人自创的，属清汤火锅，是用土鸡和猪棒子骨熬出的色泽乳白、鲜香味浓的鲜汤。鱼是客人点杀的，现剖现煮，鱼头和鱼骨先煮，然后再下鱼片。起锅前放入芹菜、青椒节、干灯笼椒、番茄片、黄瓜片，起锅后再在锅面放一把带枝的青花椒，泼热油，顿时麻香扑鼻。鱼是可以自选的，花鲢、黔鱼、鲟鱼、黄辣丁、三角蜂、青波、鲶鱼……火锅边吃边熬，鱼和菜越来越麻，一锅贡椒鱼吃下来，食客们往往舌头打战，说不出话，所以汉源民间有"蒜辣心，椒辣嘴，麻椒麻倒不说话"的说法。汉源贡椒鱼，要的就是这个味道。

高山放养黄牛

黄牛宴（九襄黄牛肉）

　　汉源黄牛散养于汉源境内海拔 2500 米以上的高山地带，饮山泉、吃嫩草，肉质细嫩、味道鲜美，低脂肪、高蛋白，富含氨基酸和矿物元素。

　　九襄黄牛性温补气与黄芪同功，并且有"天下肉类骄子"的美称。其大众吃法不仅拥有火锅的浓郁香气，还结合了汉源的花椒香味，烹制时选用新鲜黄牛肉和汉源花椒，再搭配上几十种香料进行熬制，上桌鲜香四溢，肉质细嫩，入口化渣。其独特的口味使得无数喜爱美食的客人慕名而至。

　　汉源人用黄牛肉烹制的特色美食有卤牛肉、小炒牛肉、滋补牛蹄汤、爆炒牛柳、水煮牛肉、干煸牛肉丝、豆腐烧牛腩、碗碗牛肉、黄牛筋、黄牛肉鸳鸯汤锅、滋补黄牛肉汤锅、黄牛肉麻辣汤锅、胡萝卜烧牛肉、麻辣牛肉干等，用这些菜品办上一大桌，汉源人称之为黄牛宴。

黄牛肉鸳鸯火锅

黄牛肉清汤锅

青椒闷牛肉

卤牛肉

干拌牛肉

铁板牛肉

　　近年来，汉源黄牛宴在京昆高速雅西段通车后，更加火爆。不仅原 108 国道九襄、清溪一带的黄牛肉馆纷纷迁移至高速度公路九襄出口连接线沿途，还增加了不少新的黄牛肉餐馆，吸引了成都、西昌、攀枝花、昆明的过往游客，黄牛宴成为花海果乡景区的餐饮特色。姜氏牛肉、张椒牛肉、万英牛肉、胖姐牛肉，用餐馆主人名字命名；清溪牛肉、荣鑫园牛肉、高乐牛肉、加油站牛肉，用餐馆位置命名。2018 年，汉源县制定了黄牛肉餐饮行业规范，提升经营者的服务意识、品牌意识和发展意识，促成有条件的经营者由个体转为公司，再而促进汉源的黄牛肉餐饮行业由无序发展转为可持续健康发展。姜氏黄牛肉自 2002 年创立，发展至今，已在全国各地发展加盟店百余家。

粉蒸牛肉

砂锅牛肉

碗碗黄牛肉

红烧牛肉

湖鱼宴

　　84 平方公里的汉源湖是我国西南最大的人工湖。汉源湖水来自大渡河上游，湖水清澈，水质优良，所产鱼类肉质鲜嫩、品质一流。近年来，国家实施长江禁渔，汉源县人工养殖的鱼类，除品类丰富外，肉质也很优良，足可媲美江鱼。

　　汉源人把众多的吃鱼方法，集成湖鱼宴，招待远客亲友。湖鱼宴的菜品有清蒸鲈鱼、凉拌鲫鱼、麻辣豆腐鱼、泡椒鱼头、砂锅湖鱼、泡椒鱼头、干烧藿香鲫鱼、麻辣鱼条、陈皮鱼丁、圆笼粉蒸鱼、回锅鱼片、酸汤乌鱼、冷锅鲤鱼……2019 年，汉源县举办了首届"鱼文化节"暨"汉源湖鱼美食节"，60 余家餐饮企业以汉源湖鱼为主料，烹饪出了花样百变的鱼鲜美食，或清淡嫩滑，或麻辣鲜香，食客赞不绝口。其中，尤以贡椒鱼影响最大，清汤鲜美，红汤麻辣，各有特色。

麻辣豆腐鱼

干烧萱香鲫鱼

香辣贡椒鱼

清蒸鲈鱼

剁椒鱼

豆豉鱼

桂花鱼

贡椒鱼片

泡椒鱼头

在汉源，厨师制作鱼宴技术很有讲究。拥有高超技艺的厨师能从鱼的头、尾、腹、唇、肚、裙等不同部位采集原料，利用丝、片、丁、条、块、茸等各种手法和器皿制作融色香味与优美形态为一体的精美鱼宴。主要菜品有剁椒鱼头、酸菜鱼、干烧河鲤鱼、清炖石爬子、清蒸鲈鱼、红烧野生鲶鱼、炭烧桃花鱼、油炸小河鱼、家常翘壳鱼、酸菜河鲢等，还能选用汉源湖的大草鱼做成鱼面条和外酥里嫩的灌汤鱼圆，一口咬去，汁水满溢。

汉源坛坛肉

汉源坛坛肉的制作历史，已经超过千年。相传，诗仙李白经过古黎州，留下了"尝尽天下千般肉，唯有雪山香坛鲜"的佳句，赞誉的就是汉源坛坛肉。

汉源坛坛肉选用农家过年用的土猪肉为原料，经过选、腌、洗、炸、捞、贮6道工序，选用土法烧制的陶罐进行保存。首先将上好的农家土猪肉洗干净，大刀切块，腌制后放入炼好的猪板油中，大火烹开，小火慢炸，炸至金黄酥嫩，收干水分，捞出，最后装入洗净后的陶罐中，压紧压实，再将炸过的猪油灌入封口贮存。这样制好的坛坛肉，待一两个月后食用，香而不腻，软糯适中，煎、炒、烩、蒸，堪称上品。炒蒜苗（薹）、豆豉、蒸盐菜，是传统吃法，创新吃法炒土豆片。在汉源独特的气候环境里，制作好的汉源坛坛肉，存放一年也不会变质。2013年以来，在政府的支持下，汉源坛坛肉形成规模化的产业，借助电商渠道，汉源坛坛肉销售到了四面八方。

猪油封坛储存

左图：豆豉坛坛肉
右图：坛坛肉炒盐菜

左图：坛坛肉炒蒜薹
右图：坛坛肉炒洋芋

选用上好五花肉制作的坛子肉，
肥瘦相兼，香糯适口

皇木腊肉

　　皇木腊肉，因产于汉源皇木古镇而得名。皇木古镇海拔 2000 多米，位于大渡河大峡谷群山之中。传说明清两代修建紫禁城所用的金丝楠木多采自皇木，此地设置有正式机构皇木厂。挂熏腊肉是皇木山区农民储存肉的主要方式，旧时山区农民吃的肉均是自养的猪，每年春节前是杀年猪的时节，每户人家杀一头猪管一年的肉。当时家家都有灶房，燃料是山里的树丫、枝叶、农作物的老杆茎，杀好的年猪肉，分成大条块，挂在灶房上空，任由日日做饭的烟火熏炙，夏季也不会变质。现在皇木腊肉已进行批量化商品制作，从选猪肉到熏制都十分讲究。专门选用柏树和香樟树枝，在专门的熏房里熏烤风干，一般35天才能够出炉。使用传统配方熏制出的腊肉颜色鲜亮，肥瘦均匀，看起来美观，味道更是一绝。

皇木腊肉、香肠

腊排

皇木腊肉

特色小吃

　　九襄臭豆腐　九襄的锅贴臭豆腐与众不同，是因为九襄空气湿度适中，在鲜豆腐发酵成臭豆腐的过程中，其不会因为水分不会散失很快成干块，也不会因水分散失很慢而太臭。虽没有长沙臭豆腐的名气大，但其味却在长沙臭豆腐之上。发酵好的臭豆腐，切片放到平底铁锅里（油少许即可，以臭豆腐不粘锅为宜），烙炸，诱人的香味便弥漫开来，待臭豆腐由白灰色变成酥黄色后，蘸上香辣粉，趁热食之，香脆可口。现在，发酵好的九襄臭豆腐已作为菜品或礼品，销往雅安、成都等地。

　　炸洋芋　关键是选用产自高山的黄芯洋芋，炸制的时候控制好火候，熟至刚好过心，外酥里软，再配上汉源特制的油辣椒、花椒粉末和盐做成的香粉，也可加上芫荽、香葱、折耳根等，佐料拌好，麻辣鲜香。炸洋芋，还有一种做法，切丝，再炸成两面酥黄的饼状。

九襄臭豆腐

青椒臭豆腐

烘洋芋

烤洋芋

洋芋丝丝两面黄

　　酸菜洋芋（ger ger，半三声，汉源方音）面　汉源农村收获时节，家家互助帮忙收割。午餐叫打尖，主要吃面条。有一种特制的大宽干面条，宽度有3—4厘米，煮时需水锅宽（水多），一根一根地下面条。面条的臊子很特别，是现炒的，汉源特制的酸菜（制作时不放盐，有活酸菜和干酸菜两种）、洋芋（土豆）、腊肉或坛坛肉切成丁（小颗粒），放入少许猪油一同翻炒后，加入水熬煮成汤，将煮好的面条和汤盛入碗中，加葱花、芫荽。现在其已成为汉源特色面条小吃。

酸菜洋芋（ger ger，半三声，汉源方音）面

荞馍馍

上图：荞麦饼　下图：玉米馍馍

特色烧饼

榨榨面

榨榨面　将产自高山的荞麦面和成面团，在特制的榨架上压榨成圆条，落入翻滚的水锅中煮熟，几分钟后捞起，放入清水中漂上一阵，然后用漏瓢盛出后再放入开水中烫热，倒入大碗中，佐以汉源酸菜、豌豆汤以及其他调料，食之脆香爽滑、酸辣可口，长期食用还有保健作用。

碧潭凝香（豆泡汤）

凉拌核桃仁

汉源大宽面

第六篇

石棉味道

SHI MIAN

热辣劲爽

石棉县依矿而建、因矿而兴、以矿为名，是全国唯一以非金属矿命名的县。

石棉县位于四川盆地西部边缘，"蜀山之王"贡嘎山东南面大渡河中游，是长江上游重要的生态屏障、京昆线上的天然驿站，素有"藏彝走廊、中国大熊猫放归之乡、阳光温泉康养胜地"之称。

1952年，因国家建设需要开采石棉矿，经中央批准石棉县正式建县。随之，四川石棉矿、四川省新康石棉矿等国家和省属企业建成投产，工人、技术员、专家、管理干部等一大批建设者们，从四面八方汇聚石棉。

石棉虽然很年轻，但这片土地上的文化依然深厚。先秦时期，这里就是南方丝绸之路北段的重要通道，是茶马古道上的重要驿站。这里还因发生了中国历史上巨大转折意义的两大历史事件，被称为"翼王悲剧地，红军胜利场"。1863年5月，太平天国翼王石达开在石棉安顺场错失渡河时机，在紫打地（安顺场）被清军和土司军包围，全军覆没；1935年5月，红一方面军千里奔袭安顺场，抢夺渡口，强渡大渡河，成功地摆脱了国民党的围追，实现了长征途中的胜利转折。

石棉地处雅安市最南端，境内山高谷深、坡陡岭峻，气候干湿分明，光照充足，境内世居的尔苏藏族、木雅藏族，仍保留着自己古老独特的民族风俗和文化。

特殊的地理位置、深厚多元的文化底蕴，赋予了石棉丰富的旅游资源和浓郁多元的饮食文化，造就了石棉开放、包容、阳光、热烈的个性。阳光热辣的石棉烧烤有"天下第一烧"的美誉，大渡河鲜、草科鸡、彝族坨坨肉、藏族糌粑、石磨豆花、荞粑粑等地域风情美食也独具特色。

热情的彝家酒宴

石棉烧烤

　　石棉烧烤融合了汉、藏、彝等多民族元素，凭借独特的做法和优质的口感，形成了独特的烧烤文化，被评为全国烧烤十强冠军，享有"天下第一烧"美誉，深受广大食客追捧。

　　石棉烧烤的兴盛，要追溯到20世纪80年代末至90年代初，得益于当时曾是全国八大石棉矿之一的四川石棉矿（简称川矿）工人。川矿工人来自五湖四海，在众口难调的情况下，工友们发现有着藏、彝特色的烤食是最适合大家聚餐的美食，于是他们常选择聚在一起吃烤食、交流情感，后来逐步发展成为石棉烧烤。

石棉铁板烤

石棉烧烤通过不断传承、融合、创新、演变，尤其是近十余年来，更是快速发展，火爆全县，走向雅安、走向成都，形成了串串烧、铁板烧、锅盖烧、生态网烧、瓦片烧等多种特色烹制方式。其中，铁板烧为石棉人首创，在一块长方形薄铁板上打孔，把各种食物架在烧红的木炭上烤，火力均匀，食材能充分加热，这样不仅保留了烧烤的熏香，还便于油烟散发。当一片片薄如纸翼的鱼片、牛肉、腰片等食材放到铁板上，便立即腾起一股火焰腾到空中，很是壮观震撼。食客可再根据个人喜好，配上辣椒面碟、豆面碟、醋碟、芥末碟等，用来蘸食，一口下去，唇齿留香。铁板烧形成了独特的视觉、听觉、嗅觉、味觉的多重享受，也被当地人形象地称为"火上飘"。

铁板烧烤"火上飘"

到了石棉，可以说是无烧烤不成席，万物皆可烤。烤牛羊肉、烤鸡、烤乳猪、烤猪肚、烤鱼、烤鼻筋、烤牛油、烤黄喉……只有你想不到的，没有石棉烧烤办不到的。无论荤素，只要经过炭火的烤炙，配以不同味碟，都能产生不一样的口感，总有一款能够满足食客的味蕾。

在石棉流行着这样一句话："到石棉没吃过石棉烧烤，就不能算真正到过石棉。"石棉烧烤，更是石棉的一张旅游名片、美食标签。近年来，石棉县通过无烟改造、政策奖补、创建烧烤协会等一系列举措，推动烧烤行业发展，做大石棉烧烤的品牌。目前，石棉县城有 300 余家烧烤店，约占餐饮店铺总量的 50%，是名副其实的"烧烤之都"。

串烤五花肉 牛肉

串串烧烤

烤乳猪肉

烤鸡皮

烤猪肚

生态网烧

网上烧烤

网上烧烤

彝家坨坨肉

石棉地处雅安、凉山、甘孜三市州的交汇地带，是汉族聚居区向中国最大彝族聚居区和藏族聚居区的过渡地带，有汉、彝、藏等 24 个民族。多民族文化在此交融，造就了该地多彩的饮食文化。

坨坨肉是彝族饮食文化中最具特色的美食，彝语称为"乌色色脚"，意思是猪肉块块。因为彝家人喜欢将牛肉、羊肉、猪肉、鸡肉砍成拳头大的坨坨块状，再水煮或烧烤，故称为坨坨肉。

坨坨肉作为彝家的招牌菜，展现出彝族人性情豪爽和不拘小节的性格特点，深得喜欢大块吃肉、大碗喝酒的彝家人的推崇和周围兄弟民族的喜爱。但凡到彝家做客，热情好客的彝家人便会用坨坨肉招待客人，以表示对客人的尊敬。

坨坨肉精选自高山无污染原生态的土鸡、猪、羊、牛，宰杀后清洗干净，将肉砍成拳头大小的块状，放入清水之中，然后加入木姜子根粉、精盐、辣椒粉、花椒粉、味精、蒜泥等调料，用大火沸煮，直至血水泡沫全部消失而肉汤清白后10分钟左右即可。吃得熟的，炖煮时间可稍长一些，以不烂为宜。然后将肉捞出，放入准备好的簸箕内，趁热给肉撒上适量精盐，搅拌后待汤水滴尽至肉不冷不热，就可直接用手抓食，再配以彝家杆杆酒，风格更加豪爽。坨坨肉进入大众餐馆后，厨师们将其进行了精心调制，煮熟后加上各种佐料，或干拌，或加汁，使其味道更加鲜美，麻辣劲爽。

彝家坨坨肉

彝家坨坨肉

彝家坨坨肉

香猪儿坨坨肉

石棉草科鸡

草科鸡，外形高大雄壮、羽色亮丽，是贡嘎山南坡自然风景名胜保护区境内丰富的动植物垂直带谱中，自然形成的肉、蛋、药兼用型的优良地方禽类品种，因出产于石棉县草科藏族乡而得名。2003 年，由国家家畜家禽遗传资源管理委员会——品种审定委员会审定，草科鸡列入了《中国禽类遗传资源》和《中国家禽地方品种资源图谱》。经四川省农科院中心实验室检测，草科鸡与市场销售的普通肉鸡相比，其蛋白质高 2.8%、脂肪低 5.0%、赖氨酸高 11.7%、蛋氨酸高 9.6%。草科鸡，肉质细嫩、风味独特、营养价值高，无论是炖汤、凉拌，还是烧烤均深受大众喜爱。

草科鸡在石棉县已形成现代化综合加工产业，其冰鲜草科鸡、草科鸡罐头、草科鸡蛋在 2007 年获得了中国绿色食品发展中心绿色食品认证。

石棉草科鸡常用的吃法有农家烤鸡、野生菌腊猪腿炖鸡等多种。

制作农家烤鸡，需将草科鸡洗净，划刀浸入调好的味汁腌制 10 分钟，后上架翻烤至八分熟，下架将鸡撕扯成小块，加入秘制红油，再上烤架翻烤约 20 分钟至鸡肉香酥即可。腌制烤鸡的味汁是其成味的关键，将姜片、蒜片、大葱、小米椒切段，倒入啤酒、料酒，加入食盐调成。

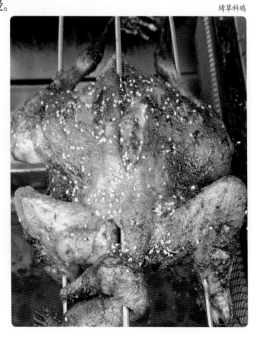

烤草科鸡

烤草科鸡

腊蹄膀

草科鸡炖腊猪腿　先将调料混油爆香后，放入鸡块、腊肉块翻炒至金黄，再放入野生菌继续翻炒 5 分钟后，倒入骨头汤，加大葱，大火煮开，小火慢炖 40 分钟至软烂，放入盐调味后即可。草科鸡炖腊猪腿，猪腿肉皮色金黄有光泽，瘦肉红润、肥肉淡黄，有一股独特的木香和菌香。

酸菜草科鸡炖腊肉

干酸菜

草科腊肉

石棉小吃

粑粑　顾名思义，是用苦荞面粉做成的粑粑。荞麦性味甘平，有健脾益气、开胃宽肠、消食化滞的功效，且不易虫蚀，可与多种食物配制。制成熟食后不易变质，既是彝族传统的食品，又是待客的美食。

蒲公英煎鸡蛋　蒲公英的叶子可以凉拌也可炒菜。在石棉最常见的吃法是蒲公英煎蛋。

荞粑粑

蒲公英煎鸡蛋

豆渣菜

凉拌折耳根

豆渣菜　盛夏时节，将农家新产的青豆米（早黄豆）磨成浆，烧开后煮入切成细碎的兰瓜花或白菜，可作汤菜，也可作饮料。

凉拌折耳根　折耳根学名叫鱼腥草。用折耳根做菜，最简单也最经典的还数凉拌。鲜嫩的折耳根拌上醋、酱油，再淋上满汁满味的一大勺油辣椒，就成了四川人最爱的凉菜。

第七篇

天全味道

TIAN
QUAN

土司豪情

在雅安，天全是一个历史上建置最特殊的县，因其具有800多年的汉族土司统治历史。

据《史记·司马相如列传》记载："西汉元鼎六年（公元前111年），司马相如受命略定西南，斯榆之君请为内臣，以故徙都置徙县，为天全建县之始。"唐天宝元年，在始阳县置始阳、灵关、安国、和川等四大兵镇，唐代中叶以后，始为土司统治（高、杨二土司），历朝设有碉门安抚司、天全招讨司、天全六番招讨司，直至清雍正七年改土归流，置天全州。民国二年（公元1913年），改天全州为天全县。

天全地处四川省盆地西缘，二郎山麓。二郎山所在的邛崃山脉是四川盆地西边的"盆子壁沿"，形成了气候上的华西雨屏。该地全年降水量达1500多毫米，河流水量丰沛，水质优良，成为雅鱼、石爬鲅等鱼类的乐园。四川省农业产业化经营龙头企业润兆鲟业有限公司被良好的水资源所吸引，在天全修建养殖基地，养殖鲟鱼，生产的鱼子酱，成为全球知名的品牌。鱼子酱、鲟鱼宴，正在成为人们餐桌上"天全味道"的珍馐美食，其中鱼子酱已飞出这个山乡小县，成为天全出口海外的食品。

沿318国道和雅康高速公路，从东边穿过多功峡进入天全，便如进入了高山峡谷的山水实景画，一路向西，便可纵览天全地形之美。从飞仙关大桥下海拔最低600米处，沿线是河谷小平坝、丘陵、低山、中山，直至海拔5150米的月亮弯弯岗，直线短短60公里的距离内，相对落差达到4500米。立体垂直的气候，为生物多样性提供了自然条件，而高达73%的森林覆盖率，更是众多珍稀动植物生长的乐土。竹笋、三塔菇、菌子、鹿耳韭、香椿、鱼腥草、蕨菜、刺龙苞等众多野菜是大自然的馈赠。

曾经的318国道，被誉为黄金交通线，东进西去的商旅源源不绝。公路沿线众多的食宿店，迎接着南来北往的行人和游客。为了吸引客人，厨师们都在极力打造自己的

天全县仁义镇梯田，该地所产天全香谷米，历史上曾为贡米。

招牌菜，罐罐鸡、椒麻鸡、砂锅豆腐、回锅老腊肉、红油抄手已成享誉川藏线的天全吃食；梅子山庄、民间菜、桥头堡等餐饮名店小摊，都能吃到天全独一味的特色菜肴。

与 318 国道同向而行的，还有一条历史悠久的交通要道——茶马古道。古道虽已被湮没在荒草与古迹之中，但沿线的村庄、古驿、关隘，仍保留着曾经的辉煌。那些专门为背夫客商提供食宿的茶号、幺店子创制的充饥饭菜，仍流传至今，火烧子、锅圈子、千层饼、豆渣菜、竹筒饭，仍是天全不可不吃的美味佳肴。

天全土司宴

据清咸丰《天全州志》记载："高杨二氏，抚有碉门。"高卜锡，唐末以军校从征西路有功，留镇边邑，累世相承。杨端，以千牛卫从僖宗幸蜀，跋涉行间，捍卫有功，诏封天全宣抚。直至清雍正七年（公元 1729 年）改土归流，置天全州。高杨二土司在天全统治 800 余年，在汉地，由汉人担当土司，并历时如此之久，实属罕见。除文治武功之外，其饮食也自成体系。受朝廷征召出兵，土司必须无条件服从，"日常为民，战时为兵"，而且士兵还得自备武器粮草，出征期间，就餐时，将各自携带的食物拿出来放在一起，共同享用。出征饯行，凯旋庆功，更是大摆宴席、大块吃肉、大碗喝酒。

土司制度消逝虽近 300 年，但其餐饮习俗还是在民间保存了下来，在婚嫁寿庆及各类庆典的宴席上都得到了体现。特别在近年来开展文化创新工程、促进餐饮与文体旅游融合发展的过程中，天全餐饮名家深入挖掘天全土司餐饮历史文化，传承创新，研制而成了新时期的天全土司宴。

土司宴与众不同的装盘方式，是吸引食客的一大特色。一个中空的竹编簸箕，盛满取自农家小园、田间地头的菜肴，肉、禽、蛋、蔬，荤素搭配，炒、烹、炸、蒸，制法多样，中间再配以一锅山珍药材鸡鸭汤，色香味俱全，饱腹养生，养眼养胃。土司宴的菜肴讲究荤素搭配，有时荤菜略多几道，如尖刀圆子、咸甜烧白、墩子肉、烤羊（猪）排、老腊肉、手把肉、香猪腿、烤全鱼，再配以时令鲜蔬、水果、锅贴馒头、烤土豆（红薯），可谓鸡鸭鱼肉、五谷杂粮皆有，丰盛的菜肴盛满了天全人的热情。

烤猪排

白切鸡

左图：烤鱼
右图：蒸烤粗粮

鱼子酱及鲟鱼宴

在天全县思经乡，占地 120 余亩的润兆鲟鱼养殖基地令人赞叹，新鲜的河水循环注入 161 口圆形的鲟鱼养殖池中。作为川西南最大的冷水鱼养殖基地，润兆公司一直从事史氏鲟、达氏鳇、西伯利亚鲟、白鲟、杂交鲟、虹鳟鱼、裂腹鱼、哲罗鲑等一系列亚冷水鱼的繁育和养殖经营活动。通过 7 年的生态养殖，有的鲟鱼重达 150 公斤、长 2 米左右。

养鲟鱼，主要目的是取鱼子酱。一条鲟鱼养上十余年达 100 多公斤，才能"杀鱼取卵"。制作好的鱼子酱，颗粒圆润饱满，色泽清亮透明，微微泛着金黄的光泽，被誉为"黑色的黄金"，每 30 克装的鱼子酱售价可达 100 多美元。天全每年出产商品鲟鱼 75 万公斤，年产值达 2500 万元。加工厂专业从事鲟鱼肉和鱼子酱的加工和销售，年加工鱼子酱 80 吨，冻鱼肉 1000 吨。所产鱼子酱 90% 出口美国、法国、德国、加拿大、俄罗斯、日本等 22 个国家和地区。借助鲟鱼养殖，天全县把鱼子酱端上了国际餐桌。

抓捕鲟鱼

天全鱼子酱

依托鲟鱼等冷水鱼产业, 天全县申报创建了鱼子酱特色小镇、冷水鱼特色餐饮一条街, 发展全鱼宴特色渔家乐。一鱼多吃、全鱼宴等特色餐饮也逐渐兴起, 吃鱼、赏鱼成为一道风景。

鲟鱼宴菜品(包括主食)全部选用鲟鱼作为原料, 鱼肉、鱼骨、鱼皮、鱼杂皆可入菜, 清蒸、水煮、红烧, 炒、溜、炸、煎、烤、茸, 技法多样。在农家乐, 一条5公斤的鲟鱼, 就可做一桌上好的鲟鱼宴。天全人研发的系列菜品, 包括鱼子酱、清蒸鲟鱼、五香豆豉鱼、八宝锅珍、冷吃鱼柳、姜葱酥鱼条、椒麻嫩鱼片、炝锅鱼腩、腰果鱼丁、酸汤鱼、香酥鱼糕、鲜鱼片、鱼蒙竹笋、鱼香清圆等。

鲟鱼肉质优于多种鱼类, 口感鲜、嫩、滑、爽, 富含蛋白质和人体必需的多种氨基酸等营养物质, 其中氨基酸和不饱和脂肪酸为鱼类之冠。

左图: 香酥鱼糕
右上图: 鲜鱼片
右下图: 酸汤鱼

姜葱酥鱼条

炝锅鱼腩

冷吃鱼柳

清汤鲜鱼圆

椒麻嫩鱼片

桥头堡凉拌鸡

　　桥头堡凉拌鸡制作技艺始于清末天全人胡开芝婆家的一名厨师，后经胡开芝改进后传给了媳妇徐维映。20世纪80年代，徐维映在天全县城区西禁桥头开设"桥头饭店"，因当地人的称呼习惯，故借用所处地理位置"桥头堡"代指她家的饭店，一直流传至今。2011年，桥头堡凉拌鸡传统制作技艺进入第三批四川省非物质文化遗产名录，其第三代传承人徐维映也成为省级非物质文化遗产项目代表性传承人。

　　"桥头堡"两大特色美食为凉拌鸡和鸡汤抄手（馄饨）。凉拌鸡是以农家散养的土鸡作原料，煮熟后一半浇佐料，一半白切。桥头堡凉拌鸡之所以出名，是因其汁水麻辣香甜，味道独特。汁水选用白糖、酱油、盐、花椒面、香油、辣椒油、熟芝麻等原料，按一定比例炒制，其配方和比例，以及制作过程，全部采用传统方式手工制作，味道纯正。桥头堡抄手，皮薄馅多，配以鸡汤，鲜香十足。

　　名气是很大，但其实"桥头堡"一家街边的小吃店，还是旧式的理发店改造的，小得连个铺面正门都没有，也没有招牌。不宽的店堂靠墙摆着几张方桌，桌子配套四个长条木凳。因长年擦洗，漆早已脱掉，显出木纹，反倒显得十分质朴洁净。

简朴的门店

桥头堡鸡肉

煮好的鸡

抄手

茶马古道风味

　　代表菜品有天全鸭脑壳、新沟罐罐鸡、炸排骨、炸牛肉、炸臭豆腐、烤脑花、火烧子馍馍、石磨豆花、野菜馍馍等，都是茶马古道的风味。

天全鸭脑壳

罐罐鸡

新沟罐罐鸡

炸排骨

炸牛肉

炸臭豆腐

卤脑花

石磨豆花早餐

玉米馍

野菜馍馍

天全烧鸡公

竹笋炒腊肉

小兰肥肠

天全竹筒炖鸡汤

鹿耳韭　　　　　　　　　　天全新沟砂锅豆腐

第八篇

芦山味道

LU SHAN

汉羌遗韵

"西蜀由来多名工，芦山僻地竞尔雄。"这是当代文豪郭沫若对芦山汉代石刻及其技艺的即兴赞诗。全国现存的 20 具汉代石刻神兽中，芦山即存 11 具。芦山樊敏阙、王晖石棺也享誉海内外。无论石兽、石阙，还是石棺，其精湛细腻的石刻艺术被誉为"汉艺精粹""汉魂"，芦山也被誉为"汉代文物"之乡。

在汉代时，芦山为汉嘉郡府所在地，是西蜀政治经济文化中心，因此孕育了芦山深厚的汉代文化。芦山的老县城为三国时期蜀汉大将军姜维屯兵时所筑，芦山人民为纪念姜维，故又将芦山县城称作姜城。芦山民间为纪念姜维而流传千年的"七里夺标""八月彩楼会"等特有民俗，已成为省级非物质文化遗产。

据文献资料记载，秦惠文王所置青衣县是芦山县最早的县名，因县境为青衣羌国故地而得名。东汉阳嘉二年 (公元 133 年)，改为汉嘉县，取"汉王朝嘉奖"之意。三国蜀汉时，改为阳嘉县。隋仁寿三年 (公元 603 年)，始名卢山县，县名缘由之一是"卢山，在县西北九里""因山而名"。唐至宋为大渡县，至元二十年 (公元 1283 年) 改为泸山县。据民国版《芦山县志 · 山川》记载："芦山在东十里为始阳山分支，如芦根倒地。"明洪武六年 (公元 1373 年)，始更名为芦山县。

如今，国道 318、国道 351、省道 210 穿境而过，县城距雅安市区仅 28 公里。芦山的饮食，受历史文化浸润，可以说在传承中发扬、在发展中创新，形成了独特的青羌、汉姜风味，姜公宴、青羌菜是其中最典型的代表。此外芦山的八宝鸭子、白宰鸡、腌味猪头、姜城老卤、砂锅酥肉泡饭等也很受欢迎。据芦山人介绍，芦山八宝鸭与上海风味名菜八宝鸭做法完全不同，首先是要不破坏整体外观，将整只鸭"出骨"，之后将围塔漏斗的糯米，大川镇的腊肉，太平镇的玉米、红萝卜，龙门镇的花生、花菇等 8 种馅料

芦山花灯是从青衣羌人古傩戏中脱胎出来的民间戏种。其在古青衣羌国民族融合的过程中诞生，通过在设坛做法事的过程中插演花灯戏，达到娱乐目的。

芦山花灯

放入鸭肚填实，焯水上色，油锅轻炸走油，最后再将整鸭蒸煮。轻轻切开鸭肚，就可以见到里面各式各样的馅料，各种味道互相融合，堪称经典美味。八宝鸭在芦山是传统名菜，但因工艺烦琐、烹饪技法讲究，能做此菜的师傅垂垂老矣，现在的餐馆基本都没有提供此菜品。本书编者也没能找到图片，留下些许遗憾。

近年来，芦山县把文化旅游产业作为支柱产业来培育，把全力扶持餐行业发展及企业培育放在旅游发展的重要位置，全力打造"芦山味道"旅游名片。通过开展"八月彩楼会"民俗节暨美食节、"芦山八大特色菜品"美食评比等活动，打造芦山旅游特色美食，提高芦山地方特色美食知名度、美誉度，进一步加大芦山特色美食的发掘、传承、创新力度，激发餐饮业的发展活力，促进餐饮企业更好地发掘本土特色美食。汉城大酒店、麒阳森林食品餐馆、福园餐厅、大笨牛火锅店、醉乡园私房菜、竹英雄小吃店、金鼎缘食府、随饭菜中餐馆、三瓢两铲等餐饮店等如雨后春笋般蓬勃发展，成为芦山一张张靓丽的美食文化"名片"。

姜城宴

姜城宴

  芦山县作为蜀汉后期大将姜维的第二故乡，民间流传有许多有关姜维的传说。芦山人为纪念姜维修建了姜侯祠，如今修缮后的姜公庙、平襄楼、汉姜侯祠牌等遗址坐落于芦山县老城区的汉姜古城内，虽饱经风霜雨雪，但至今古貌依旧，伟丽犹存。姜城宴，正是芦山历史文化与餐饮巧妙融合后碰撞出的美味佳肴。2021年，芦山县已正式注册"姜城宴"餐饮商标。

  姜城宴由青羌鱼、姜城椒麻鸡、姜公兔、出师大吉、舌战群雄、飞鸽传书、五谷丰登、姜公卤肉、草船借箭、千军万马等13道菜组成。在汉姜古城品尝"姜城宴"，可谓别有一番滋味，不仅有色味俱佳、芳香四溢的美食让人口齿留香，还能让你感受到历史的脉搏。姜城宴也并非高不可攀，其中，姜公兔、青羌鱼、青羌卤鹅、姜城椒麻鸡、姜公卤肉等菜品，均是当地百姓中的家常菜。

青羌鱼

芦山青羌鱼

姜公兔

姜城椒麻鸡

舌战群雄

出师大吉

五谷丰登

青花卤鹅

芦山八大菜

2019 年 9 月，芦山县开展了首届"芦山八大特色菜品"美食评比活动，青羌三样菜、桂元棒棒鸡、药膳山珍鸡、大蒜烧豪猪、鹿肉干、蘑菇鸡中翅、冷锅牛肉、特色藤椒鸡等芦山"八大菜"，堪称芦山特色美食的代表。

青羌三样菜 有蒜香排骨、黑猪夹沙肉、芦山面茶三道菜，根据芦山 2000 多年的历史传承结合不断变化的口味改进而成。用"每道美味都寄托着一份独特的情感，每道美食都有自己的情感"来形容青羌三样菜在恰当不过了。据文献资料记载，秦惠文王所置青衣县是芦山县最早的县名，因县境为青衣羌国故地而得名。芦山青羌三样菜便是把对青衣羌国的怀念寄托在了日常饮食之中。

蒜香排骨精选高山优质土黑猪肋排秘制而成，蒜香浓郁，质嫩味美，具有健脾开胃之功效；黑猪夹沙肉精选高山土黑猪优质夹缝加上海拔 2000 米以上才能生长的本地健康绿色野菜鹿耳韭合蒸而成；芦山面茶精选有机生态白玉米研磨成粉加水熬制而成。三菜分别装盘后，再合装在同一个器具上，一同上桌即成青羌三样菜。

青羌三样菜

芦山面茶

蒜香排骨

　　桂元棒棒鸡　又名芦山竹记桂元棒棒鸡，是芦山县一道历经四代传承的美食，起源可追溯至清朝末年，历经百年传承，早已是芦山人民办喜事"九大碗"中不可或缺的美食。创始人竹氏制作了传统"棒棒鸡"，风味独特，做工精细，选料考究，凉拌好后用钵装上沿街叫卖，所以别名也叫"叫花鸡"和"钵钵鸡"。第三代传人竹桂元在祖、父辈的制作基础上，经过近50年的潜心经营研究、改进创新，以姓名竹桂元为菜名，加上其精妙的味道，"桂元棒棒鸡"的名气最终在芦山家喻户晓，并利用淘宝店铺远销成都、北京、上海等地。

　　桂元棒棒鸡的烹制别有技巧，首先妙在煮鸡，煮前要用麻绳缠紧鸡腿鸡翅，肉厚处用竹扦打眼，使汤水充分渗透，以文火徐徐煮沸；二是以特制的木棒敲打刀背将煮熟的鸡肉切成块，利于调料入味；三是以众多调料调成的味汁，浇于鸡块上，具有浓郁的香甜、麻辣味。原料采用村民自家粮食饲养一年以上的跑山鸡，其肉质嫩而不软、韧而不老、弹而不腻，有让人回味无穷的极致口感。在调味上更加改进，按口味和类别制成不同的酱料，成菜有麻辣鸡、特辣鸡、微辣鸡、青椒鸡、藤椒鸡、白味鸡、干拌鸡、怪味鸡、坨坨鸡、山珍鸡等口味。

竹记桂元棒棒鸡

药膳山珍鸡 选用本地喂养 8 斤左右的土鸡，用化猪油加姜片、当归、党参与鸡肉一起翻炒，放入少许本地粮食酒去腥增香后，倒入汤水和本地新鲜高山竹笋、山药、白果、枸杞、大枣、大葱，大火烧开小火慢炖而成。成品菜汤鲜味美，肉质软糯，山药入口即化，竹笋鲜嫩脆爽，滋补养生，老少皆宜。

大蒜烧豪猪 采用本地养殖的生态健康豪猪肉制作，肉质细嫩，易于消化，属于低脂肪、低胆固醇、高蛋白的菜肴，配以大蒜烧制，营养价值和药用价值较高，味道浓郁，入口化渣。

药膳山珍鸡

大蒜烧豪猪

药膳山珍鸡

鹿肉干

特色藤椒鸡

蘑菇鸡中翅

鹿肉干 鹿肉取材于本地养殖的鹿，肉细嫩，味道麻辣鲜香，回味悠长。鹿肉含有较丰富的蛋白质、脂肪、无机盐、糖和维生素，易于被人体消化吸收。

特色藤椒鸡 取自当地散养的跑山鸡，皮下脂肪适中，表皮黄亮且肉质紧实、鲜美，加上鲜花椒、藤椒、青红辣椒等调味，肉质紧实，有嚼劲，麻辣鲜香，回味悠长。

蘑菇鸡中翅 采用本地散养的土鸡鸡中翅，经过厨师的巧手制作，装盘精美，鸡中翅就像一朵朵盛开的蘑菇，因此取名叫"蘑菇鸡中翅"，口感酥脆，不油腻。

冷锅牛肉 选用牦牛的牛腱子肉，精心煮制，拌以麻辣味为主，牛肉有嚼劲，麻辣鲜香。

冷锅牛肉

在夹金山下，矗立着一座悠悠古城——宝兴。古城依山而建，借山成邑，历史悠远而沧桑。民国十九年（公元1930年）建县时，人们因此地物产丰饶，取《礼记·中庸》中"草木生之，禽兽居之，宝藏兴焉"句意命名此城。

宝兴的宝藏有哪些呢？先说两个，一是大熊猫，宝兴是世界上第一只大熊猫的发现地，也是出产"国礼"大熊猫最多的地方，曾有23只大熊猫以"和平大使"身份进行国际交流；二是汉白玉，宝兴的汉白玉具有储量大、纯度高、品质优、白度好、易开采的特点，被世人赞为"天下第一白"。宝兴其他矿藏和动植物的丰富多样性，也是堪称奇绝。

在宝兴硗碛乡，还生活着一个特殊的民族支系——嘉绒藏族，这是一个古老的藏族支系。史料记载，宝兴县城又叫穆坪，在建县前有着长达550多年的穆坪藏族土司建置。嬗变至今，形成了宝兴餐饮别具特色的风味，尤以硗碛藏乡美食特色最为明显。硗碛出产食材丰富，玉米、荞麦、洋芋、大白豆、蜂糖，及猪、牛、羊等生态食材，其饮食风格既接近于藏区又自成特色。香味悠长、咸淡适中、口感清醇的酥油茶，是当地餐桌上必不可少的饮品佳酿；香猪腿肉、锅圈馍馍、烘洋芋、荞麦馍馍蘸蜂糖、酸菜豆花等，浓香扑鼻。

宝兴境内的夹金山，被硗碛人称为圣山，是中国工农红军长征途中翻越的第一座雪山。山中富含多种维生素和药食兼用的山货，或炒，或煮后直接鲜食，或腌、烘、晒后制作成干菜，都成为人们的日常美味。如今，勤劳的宝兴人正在利用大自然的丰厚赐予，人工驯养种植各种动植物，送到全国各地。宝兴人利用这些天然食材烹制着自己心中的各种佳肴，山药炖土鸡、山药炖蹄花、干竹笋、干野菜炖腊肉、干白菜煮新洋芋，

宝兴硗碛嘉绒藏族将每年的农历正月初九称为"上九节"，庆贺上收。男女老少身着盛装，家家户户锅庄房前摆满美食，蜂蜜酒、酥油茶、祝酒歌、锅庄舞、竞技民俗，硗碛藏乡顿时成为歌舞的世界，欢乐的海洋。

硗碛上九节

野生菌汤锅等，都是宝兴人津津乐道的美食。野生山货煮猪脑壳，仍是除夕年夜饭保留至今的传统美食，宝兴人称之为"合菜"，寓其合和之意，吃者津津有味，谈者乐道其妙。

大自然赐予宝兴得天独厚的自然资源，使宝兴成为一块名副其实的宝地。而这块钟灵毓秀的宝藏之地又孕育衍生出了独特的宝兴熊猫文化、藏乡文化、历史文化、红军文化。2012年，宝兴县以县城为核心，倾力打造熊猫古城。2014年5月，建成的熊猫古城被评为国家 AAAA 级旅游景区。伴随着现代文化旅游等产业的兴起，宝兴腊肉、宝兴山药、宝兴蜂蜜等一批具有地方特色的生态食材受到市场追捧，宝兴县风格各异的农家乐、林家乐、藏家乐应运而生，这都让来自不同地方的广大游客享受到了硗碛藏式餐饮、药膳餐饮和有机乡土餐饮带给他们的无限愉悦。

硗碛藏餐

硗碛藏乡菜

　　硗碛藏族乡是离成都最近的藏族乡，3000多年前，这里是神秘的青衣羌国所在地，至今还流传着诸多神话。如今，这里是嘉绒藏族的聚集地，并成为全省第三批"中国民间文化艺术之乡"。每逢藏族节庆盛典"上九节"，便有大批游客慕名而来，感受神秘古老的民族文化，品味原汁原味的藏乡生态美食。

　　藏式火锅（炊壶）藏式火锅是硗碛的一道名菜，是把当地的野菜、野生菌和自己家中用手工做的豆腐，以及藏香猪肉等食材，整齐地摆放在炊壶中，中间放入木炭，加入牦牛骨高汤一起炖煮的一种火锅。该菜品色泽鲜艳、肉质软和、香味浓郁。藏式

火锅的菜品的铺陈很有讲究，一般要铺三至四层菜，多的六至八层。每层菜品有不同的含义、吃法，四层代表四季发财，六层代表六六大顺，八层代表五谷丰登、八方来财，一层又一层的内容总能让人吃出仪式感。

藏乡香猪腿 宝兴香猪腿原料选自放养至 75 公斤左右的毛猪，宰杀后经特殊腌制，挂于炕房进行烟炕。一般香猪腿会炕上一年以上才食用。制成的香猪腿易保管、耐储藏。食用时，洗净煮（蒸）熟，切片装盘即可。

磽碛炊壶铜火锅

磽碛炊壶铜火锅及配菜

香猪腿

宝兴腊肉、腊膀、腊蹄　该菜品采用散养方式喂养的生态猪肉作为原料，通过传统手工腌制而成，具有肉质好、色泽鲜亮、口感肥而不腻等特点。因为高山气候的关系，一年四季都可腌制，且经年不腐。腌制出的腊肉不仅保持了鲜肉的丰富营养，而且瘦肉爽口、喷香化渣，肥肉晶亮透明、香醇甜脆、入口不腻。将其洗净煮熟后切片，是佐酒下饭的好菜。腊膀炖竹笋、腊蹄炖雪豆、腊膀（肉）炖菜干等传统菜品，味美汤鲜，有浓浓的宝兴味道。

藏香猪腊肉

腊蹄炖雪豆

腊膀炖竹笋

腊肉炖菜干

宝兴猪把肚

猪把肚

猪把肚 宝兴农家的一大特色菜。农村宰杀年猪时，以猪肚为装袋（少数部分也使用猪膀胱替代），将新鲜的排骨、五花肉、猪皮等，添加秘制香料腌制 2—3 小时，灌装到猪肚或猪膀胱内，直到完全饱满，封闭灌口，与腊肉一同熏制，熏制时间一般在 50 天左右。熏制时特别讲究火候与挂放位置，需经常翻换，保证每个地方，特别是内部也得到熏烤风干。一般海拔 1500 米以上的把肚肉最佳。食用时，把肚肉与四季豆、土豆一起炖制，香味浓郁。

酸菜豆花 酸菜是硗碛人冬春季节必备的自制腌菜。清代时，硗碛人把精制酸菜作为贡品敬献朝廷。豆花是用石磨加工而成的，成品酸中留香、鲜嫩可口，有开胃健脾、助消化、增食欲之功效。

酥油茶 酥油茶是硗碛藏族家庭用酥油、茶膏、核桃、麻籽、花生、鲜鸡蛋、食盐等原料打制的，具有高蛋白低脂肪、富含多种维生素的特色饮料，具有补充人体所需热能、解渴生津和助消化之功效，是硗碛藏族民众老幼每日必饮的汤茶，也是待客之佳品。

上图：酸菜豆花 下图：酥油茶

锅圈馍馍烘洋芋

锅圈馍馍、烘洋芋　锅圈馍馍和烘洋芋是硗碛人日常饮食的主、副食品。锅圈馍馍状如牛舌且有一层焦黄色的锅巴，食之既有馒头的松软可口，又具煎饼的酥脆清香。由于土壤沙粗、水分少，硗碛所产洋芋适口性好，口感干粉软滑。锅圈馍馍又称大罗面馍馍，以优质面粉为原料，加水调和发酵，添加适量碱面，揉活面团，做成半斤左右的"牛舌头"，沿铁锅上部放置，然后把洗净的洋芋放入锅内，撒上少许食盐，掺入适量清水，后将锅盖封严，猛火加温蒸煮，待蒸气透出馒头香味时，改用微火慢烘，待锅内水干，洋芋熟透，馍馍锅巴增厚呈焦黄色时出锅，装盘上桌。这一烹饪方法当地人称为"一锅熟"。

锅圈馍馍烘洋芋

响皮（炸猪皮）

荞麦馍馍蘸蜂糖

荞麦馍馍蘸蜂糖　荞麦面是降血压的绿色食品，大山药蜜有清热、解毒、润肺、防治百病之功能。通常做法即荞麦面加水调匀成稠糊状发酵后，上笼蒸熟切片装盘，并配一碟蜂蜜蘸食。荞麦馍馍松软、微苦，大山药蜜清香、甘甜、滑润，吃法特别，富有营养，食药兼备。

响皮（炸猪皮）　传统藏餐中的一道菜，将本地跑山猪的猪皮，下锅油炸，口感酥脆醇香。

宝兴山药

宝兴药膳菜

　　宝兴森林覆盖率 71.28%，空气质量优良率达 98.1% 以上，被誉为"世界濒危动植物的避难所"，是世界自然基金会确定的"全球重要生态区域"。2012 年 12 月，宝兴县获国家有机产品认证示范创建区（县）。宝兴境内，非耕地面积大，原始植被保存完好，无工业污染，被誉为"青衣净土"，成都有机"菜园地"。近年来，宝兴县围绕"全域有机化"目标，狠抓"林海菌乡""果海药谷""云海牧场"三条产业环线建设，大力发展中药材、蔬菜（食用菌）、林竹、藏香猪、有机牦牛、林（马）麝特色产业。夹金山的雪菊、蜜饯、芸豆、竹笋、驴耳韭（即鹿耳韭）、寒葱、蒲公英、刺枕苞、蕨

川芎炒牦牛肉

菜等数不胜数的夹金山野菜，无论是清炒、凉拌，还是涮火锅，都色泽清脆、味道清鲜。蒲公英煎饼，用宝兴县陇东镇的蒲公英与本地玉米粉调和烙制。蒲公英也可生吃、炒食、做汤，药食兼用。寒葱、蕨菜等野菜或保鲜或晒干出口国外，是日本、韩国食客喜爱的高山野菜。

宝兴人世居高山，食药同源，药膳菜品丰富。

川芎炒牦牛肉 以宝兴川芎、夹金山牦牛肉为主料，鲜炒而成。川芎行气开郁、祛风燥湿、活血止痛；夹金山牦牛肉，肉质细嫩、味道鲜美，富含蛋白质和氨基酸，以及胡萝卜素、钙、磷等微量元素。相关菜品在增强人体抗病毒能力、细胞活力和器官功能方面均有显著作用。

宝兴山药炖土鸡

有机山药炖土鸡（炖蹄膀）　有机山药，产于宝兴县穆坪镇海拔 1800 米的高山上，土鸡由本地农家粮食喂养，肉质细嫩、口感鲜滑，配以大圆包党参，能补中益气、生津养脾。

有机山药炖土鸡

山药炖蹄膀

佛手蔘焖猪手

佛掌参焖猪手 以夹金山佛掌参、宝兴猪蹄、宝兴大白豆为主材，配以调料，焖制而成。产于夹金山海拔 3000 米以上的佛掌参，补气养血、补肾润肺、生津止渴、和中安神，强身壮阳，能有效缓解神经衰弱；农家自养猪猪蹄，肉质细嫩、味道鲜美；五龙乡农家种植的大白豆，颗粒饱满、口感细腻。

烤宝兴山药

盐菜炒竹笋

第1届（2018年）"雅安味道"年度名菜

2018年，雅安市商务局、市文体旅游局、市市场监管局联合举办了"雅安味道"年度旅游美食季活动，评选出了60道年度名菜，均是雅安当代美食的代表。

左图：
红袍雅鱼
大蓉和酒楼

右图：
雅鱼粥香狮子头
雨城区千壶四雅鱼饭店

左图：
羊肚菌扣雅鱼
雨都饭店

右图：
红珠雅鱼
红珠宾馆

左图：
双味生态大鱼头
李师傅鱼馆、胖师鱼馆

右图：
手抓清溪黄牛肉
新雅州酒店

左图：
沾水鸡
雅安市雨城区有盐有味土菜馆

右图：
蕙质"篮"心
雨城区丙穴河鲜酒楼

左图：
鲜焖脑花
雨都饭店

右图：
爽口酸菜鱼
鱼龙湾

左图：
卤鹅
天全杨胖子专业凉菜

右图：
麻椒土鹅
水勤热食

第 1 届（2018 年）"雅安味道"年度名菜

左图：
哑巴兔
雅安市哑巴兔饭店

右图：
大众开心卷
汉源大众餐饮服务有限责任公司

左图：
雅鱼丸盅
蒙丝饭店有限公司

右图：
泡椒葱酥雅鱼
名山区雅月生态食府

左图：
银丝大渡河鱼
石棉县同和酒店有限责任公司

右图：
味苑烤鸭
雅安市雨城区味苑酒家

第 1 届（2018 年）"雅安味道"年度名菜

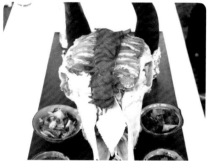

左图：
牛气冲天
师徒情人民食堂

右图：
招牌谢鸭子
谢氏蒋府菜饭店

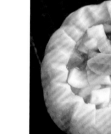

左图：
雨城清舞
雨城区泰迪陪你咖啡厅

右图：
传统鲜血旺
伟哥熟食店

左图：
经河沾水鸡
蒙经县经河度假村

右图：
鲜椒脆肠
七妹饭店

第 1 届（2018 年）"雅安味道"年度名菜

左图：
山药炖土鸡
雨城区向光明农庄

右图：
菊花雅鱼
天全小石桥饭庄

左图：
椒麻鸡
天全曾记椒麻鸡

右图：
柴火鸡
天全刘记柴火鸡烧烤店

左图：
风味豆豉鱼
天全县山野农俗苑

右图：
文笔山柴火鸡
天全县梅子坡农家乐

左图：
八角亭特色鲜羊肉
雨城区八角亭餐饮店

右图：
八角亭特色粉蒸羊排
雨城区八角亭餐饮店

左图：
麻安逸贡椒鱼
麻安逸贡椒鱼正黄总店

右图：
茶之味柴火鱼
百丈湖丰福农家

左图：
尖刀圆子
雨城区九大碗餐饮店

右图：
虫草香橙鸭
雅安倍特望月宾馆有限公司

第 1 届（2018 年）"雅安味道"年度名菜

左图：
土砂锅鱼丸汤
雨城区土砂锅生态山庄

右图：
阴记酱鸡
雨城区阴酱鸡风味酒楼

左图：
雅府正红木桶鱼
雨城区雅府正红木桶鱼正贵加盟店

右图：
黑猪肉抄手
雅故黑猪肉抄手店

左图：
藏乡腊排土鸡煲
宝兴县兰妹串串店

右图：
杨师片片鱼
宝兴县杨师片片鱼火锅店

第 1 届（2018 年）"雅安味道"年度名菜

左图：
**雪山一绝
硿碛炊壶**
宝兴县旺富酒店

右图：
祥和酱香兔
名山祥之和茶农乐

左图：
藏茶养生汤
雅安茶祖盛宴餐饮有限公司

右图：
绿茶水晶鸭舌
西康大酒店

左图：
茶蜜功夫雅鱼
茗山福隆大酒店

右图：
香锅腊条
汉源一品佳源餐馆

第 1 届（2018 年）"雅安味道"年度名菜

左图：
墨鱼炖鸡
雨城区红叶山庄餐馆

右图：
甜水面
雨城区哟哟吉庆小吃

左图：
酸汤面筋
雨城区佳缘餐厅

右图：
豆汤鱼
九世同居坊

左图：
九味香烤鸭
九味香烤鸭坊

右图：
老兵腊肉
雨城区老兵老店

左图:
麻辣鲜牛肉
老爷串串

右图:
泡椒脆肠
领地小酌

左图:
江湖剁椒鱼
领地小酌

右图:
麒阳酱香野猪肉
庐山麒阳森林食品餐馆

左图:
茶香糯米鸭
名山福轩楼土菜馆

右图:
碗碗羊肉
名山名成羊肉

后 记

美食是与人们日常生活息息相关的物质存在，人们每日离不开饮食，但常常都食其味不知其魅。综观人类餐饮美食的历史，可以大致分为生食、熟食、烹调三个阶段。在学习强国慕课中，华中农业大学副教授谢定源讲授的《中国饮食文化》中，将中国历史上的饮食文化层次分为果腹层、小康层、富家层、贵族层、宫廷层。在编撰此书的过程中，我们也在思考，国人目前对饮食的追求，已经走过了吃得饱、吃得好的阶段，现今更多追求的是吃得安全、吃得健康、吃出文化、吃出品位。

那么，作为一个雅安人，或者喜欢雅安美食的人，如何了解雅安美食的历史文化呢？近年来，雅安市政协主要领导对此进行了深入的思考。雅安市政协2021年度工作计划要求，要从市政协文史资料的素材和市政协的职能职责出发，编撰出版一本反映雅安美食历史文化的专门书籍，助力雅安生态文化旅游业发展。基于此，本书的出版工作有序开展。市政协原主席杨承一对征编工作高度重视，多次做指示、提要求、做安排，并收集菜品菜名，构思篇章结构，对本书出版工作关怀备至。现任戴华强主席也要求，要结合市委中心工作，在"打造川藏铁路第一城、建设绿色发展示范市"的过程中，将美食文化与雅安的生态、旅游有机融合，发挥政协文史资料存史、资政、团结、育人的作用，编好此书。

2021年，由市政协副主席杨力率队，经深入调研、考察，多方听取意见，制订本书工作方案，确定了征编思路，组建了征编出版团队。具体征编出版工作交由市政协文化文史学习委组织实施。

我们将此书定名为《雅安味道》，寓意这本书不仅要记述雅安美食的味，而且要揭示其中的道。这个道是什么？那就是历史，就是文化，就是雅安美食承载的雅安几千年来的历史和文化。遵循这样一个原则，《雅安味道》客观真实地记录了雅安美食文化发展的悠久历史，比较全面地介绍了雅安美食的精彩风貌，科学展示了雅安美食文化的丰厚底蕴，书写了雅安美食文化发展的新篇章。

《雅安味道》是集体智慧的结晶，是献给读者的一道美味。在征编过程中，我们得到了雅安市社会各界的关注和支持，得到了雅安市各级领导和专家的悉心指导，得到了行业有识之士的热情帮助。雨城区政协、名山区政协、天全县政协、芦山县政协、宝兴县政协、荥经县政协、汉源县政协、石棉县政协，组织协调县内相关部门和单位提供资料、做好保障；雅安市委接待办、市商务粮食局、市文体旅游局、市机关事务管理局等市级部门，雅安日报传媒集团、四川日报报业集团雅安办事处等单位，以及四川省烹饪协会、雅安市烹饪协会、雅安市餐饮协会等行业协会，均对此书的编撰工作给予了大力支持，他们积极参与、提供资料、撰写文稿、拍摄图片，并组织协调相关事宜；四川省烹饪协会副会长、雅安烹饪协会名誉会长陈云龙，虽然年事已高，仍不辞辛劳，与我们一起前往区县调研，协调相关餐饮企业给予支持，并协助审读图文稿件，同时进行专业指导；雨城区老兵老店总经理冯超军，尽其所能，为我们提供餐饮方面的书籍资料，推荐相关篇章；陈云龙、周书楼专门对雅鱼菜的制作、拍摄给予了大力支持和帮助。在此，一并表示衷心的感谢！

由于编者水平有限，加之时间仓促，《雅安味道》定有许多遗漏和差错，不当之处在所难免，敬请读者谅解，并给予批评指正。若细品全书，能有些许受益，我们则感荣幸之至！

《雅安味道》编写组

2021 年 12 月

参考文献

[1] 蓝勇 . 中国川菜史 [M]. 成都：四川文艺出版社，2019.

[2] 四川省地方志编纂委员会 . 四川省志 · 川菜志 [M]. 北京：方志出版社，2016.

[3] 曹抡彬 . 雅州府志 [M]. 雅安：雅安市地方志办公室，2006.

[4] 雅安市志编纂委员会 . 雅安市志 [M]. 北京：方志出版社，2020.

[5] 耿俊杰，王杰 . 雅安史略 [M]. 成都：四川大学出版社，2010.

[6] 雅安市政协 . 雅安市井闲谭 [M]. 成都：四川人民出版社，2020.

[7]《雅安日报》相关宣传报道 .

图书在版编目（ＣＩＰ）数据

雅安味道 / 中国人民政治协商会议雅安市委员会编
著. -- 北京 ： 中国广播影视出版社，2021.12
ISBN 978-7-5043-8732-5

Ⅰ．①雅… Ⅱ．①中… Ⅲ．①饮食－文化－雅安
Ⅳ．①TS971.202.713

中国版本图书馆CIP数据核字(2021)第251695号

雅安味道

中国人民政治协商会议四川省雅安市委员会　编著

责任编辑　宋蕾佳
责任校对　张　哲
封面设计　水手设计 | 成都观麓品牌设计有限公司
版式设计　潘　献　刘超菘　钟　澄
出版发行　中国广播影视出版社
电　　话　010-86093580 010-86093583
社　　址　北京市西城区真武庙二条9号
邮　　编　100045
网　　址　www.crtp.com.cn
电子邮箱　crtp8@sina.com

经　　销　全国各地新华书店
印　　刷　成都博瑞印务有限公司

开　　本　889 毫米 x 1194 毫米　1/24
字　　数　139（千）字
印　　张　10.25
版　　次　2021 年 12 月第 1 版　2021 年 12 月第 1 次印刷

书　　号　ISBN 978-7-5043-8732-5
定　　价　138.00 元